"十二五"职业教育国家规划教材配套教学用书

Word 2013 基础与应用

Word 2013 Jichu yu Yingyong

（第 2 版）

主　编　杨剑涛　潘志勇

副主编　张宏强　李　涛　李光寿

高等教育出版社·北京

内容提要

本书是"十二五"职业教育国家规划教材配套教学用书。全书以培养学生的实践动手能力和解决实际问题的能力为目标，以实际工作中经常遇到的办公应用技能为主，从教学实际需求出发，合理安排知识结构，内容丰富，在讲解每个知识点时均配有相应的任务实施过程，方便读者上机实践。全书共包含 6 个项目，分别为初识 Word 2013、Word 2013 文档编辑、Word 2013 文档排版、Word 2013 表格制作、Word 2013 打印输出以及 Word 2013 高级应用。

本书提供全书素材文件以及助教用的电子教案等网络教学资源，使用本书封底所附的学习卡，登录 http://abook.hep.com.cn/sve，可获得相关资源，详见书末"郑重声明"页。

本书可以作为中等职业学校、高职高专学校计算机应用专业的教材，还可供学习 Word 2013 办公应用的社会各界人士参考。

图书在版编目（ＣＩＰ）数据

Word 2013基础与应用 / 杨剑涛，潘志勇主编. -- 2版. -- 北京 : 高等教育出版社，2020.9（2021.10 重印）
ISBN 978-7-04-054020-8

I. ①W… II. ①杨… ②潘… III. ①文字处理系统－中等专业学校－教材 IV. ①TP391.12

中国版本图书馆CIP数据核字(2020)第061056号

策划编辑	俞丽莎	责任编辑	俞丽莎	封面设计	张 志	版式设计	杜微言
责任校对	商红彦 李大鹏	责任印制	存 怡				

出版发行	高等教育出版社	网　　址	http://www.hep.edu.cn	
社　　址	北京市西城区德外大街4号		http://www.hep.com.cn	
邮政编码	100120	网上订购	http://www.hepmall.com.cn	
印　　刷	三河市潮河印业有限公司		http://www.hepmall.com	
开　　本	787mm×1092mm 1/16		http://www.hepmall.cn	
印　　张	11.75	版　　次	2016年8月第1版	
字　　数	290 千字	版　　次	2020年9月第2版	
购书热线	010-58581118	印　　次	2021年10月第2次印刷	
咨询电话	400-810-0598	定　　价	25.70 元	

本书如有缺页、倒页、脱页等质量问题，请到所购图书销售部门联系调换
版权所有　侵权必究
物 料 号　54020-00

《Word 2013 基础与应用（第2版）》
编 委 会

第 2 版前言

本书是"十二五"职业教育国家规划教材配套教学用书。

Word 2013 是一款功能强大的文字处理软件,是美国微软公司(Microsoft)开发的 Office 2013 办公组件之一。利用 Word 2013 的图文混排功能,可以编辑制作出图文并茂的文档;利用其内置的表格功能,可以制作一些复杂的表格,并能进行数据的运算统计;通过使用面向结果的界面、丰富的域功能,可以轻松地创建具有专业水准的文档。

本书对 Word 2013 各项功能的操作和使用都进行了详细的讲解,并为关键步骤配置了大量的图片,图文并茂,通俗易懂,即使是 Word 2013 的入门读者,也可以实现快速上手。读者通过学习借鉴可以利用 Word 2013 轻松制作出图、文、表混排的文档,轻松实现计算机办公。

全书共包含 6 个项目,分别为初识 Word 2013、Word 2013 文档编辑、Word 2013 文档排版、Word 2013 表格制作、Word 2013 打印输出以及 Word 2013 高级应用,每个项目又分为 2~4 个任务,各个任务按"任务描述"—"任务实施"—"知识拓展"—"实战提高"设计教学环节,简单明了,让读者能学以致用,趣味学习。

本书各项目参考课时分配如下:

学时分配表

项目	任务	学时	总学时
项目 1　初识 Word 2013	任务 1.1　Word 2013 工作界面	2	4
	任务 1.2　使用 Word 2013 文档模板	2	
项目 2　Word 2013 文档编辑	任务 2.1　文字输入法	2	4
	任务 2.2　Word 文档编辑的基本操作	2	
项目 3　Word 2013 文档排版	任务 3.1　设置文本格式	2	12
	任务 3.2　设置段落格式	2	
	任务 3.3　图文混排	4	
	任务 3.4　页面设置	4	
项目 4　Word 2013 表格制作	任务 4.1　创建及编辑表格	4	8
	任务 4.2　设置表格格式	4	

项目	任务	学时	总学时
项目 5　Word 2013 打印输出	任务 5.1　打印预览	2	4
	任务 5.2　打印输出	2	
项目 6　Word 2013 高级应用	任务 6.1　邮件合并	4	16
	任务 6.2　长文档编辑	4	
	任务 6.3　制作目录	4	
	任务 6.4　Word 2013 OneDrive 云端功能	4	
总学时			48

　　本书由多年从事计算机职业教育、有丰富教学经验的教师分工编写而成。在本书编写过程中还得到云南省玉溪第二职业高级中学信息技术系多位老师的帮助和指导，参考了多位专家学者的文献资料，相关企业人员还参与了全套教材的设计及具体的案例，使教材更加符合企业标准，在此一并深表感谢。

　　本书提供全书素材文件以及助教用的电子教案等网络教学资源，使用本书封底所附的学习卡，登录 http://abook.hep.com.cn/sve，可获得相关资源，详见书末"郑重声明"页。

　　由于编者水平有限以及时间仓促，同时由于一些新的编写思路尚在探索、尝试，有待于教学实践的检验，书中难免存在一些疏漏，恳请广大读者批评指正。读者意见反馈邮箱：zz_dzyj@pub.hep.cn。

编　者

2020 年 3 月

目　录

项目 1　初识 Word 2013

Word 2013 是微软公司（Microsoft）开发的 Office 2013 办公组件之一，Word 2013 拥有强大的文字处理功能，可以创建纯文本、图表文本、表格文本等各种类型的文档，可以使用字体、段落、版式等格式功能进行高级排版，能够方便地创建各种图文并茂的办公文档。

任务 1.1 Word 2013 工作界面

任务描述

张伟是一名刚从大学毕业应聘到公司的新职员，在学校时虽然也选修过与计算机操作相关的课程，但对于将计算机操作应用到实际工作中还是不太熟悉。

按照领导的要求，他每天要完成有关通知、计划、合同、报告等文稿的录入、编辑、排版、打印等工作，及时呈送公司领导及各部门。

作为公司的一名新职员，他深知自己的不足，也深感因为对计算机文字处理软件不熟悉而带来的工作压力，于是暗下决心，从头开始，系统地学习 Word 2013 的使用技能，使之在今后的工作中能够应用自如，在工作中发挥更大的优势。

任务实施

一、启动 Word 2013

方法 1：使用"开始"菜单启动 Word 2013。

单击"开始"按钮，然后在"开始"菜单中依次选择"Microsoft Office 2013"→"Word 2013"。

方法 2：双击已保存的 Word 2013 文档启动 Word 2013。

找到已保存的 Word 文档后双击鼠标，可以在打开 Word 文档的同时启动 Word 2013。

方法 3：双击桌面上的 Word 2013 快捷方式图标启动 Word 2013。

当安装 Word 2013 后，在桌面上会出现一个 Word 2013 快捷方式图标，双击该图标可启动 Word 2013。

二、认识 Word 2013 的窗口

启动 Word 2013 以后即可进入其窗口，Word 2013 窗口主要由以下几部分构成，如图 1-1-1 所示。

图 1-1-1　Word 2013 窗口

1. 快速访问工具栏

快速访问工具栏位于 Word 2013 窗口左上方，包括一些常用的命令按钮，默认状态下有"保存""撤销"和"恢复"按钮等，如图 1-1-2 所示。

图 1-1-2　快速访问工具栏

单击"自定义快速访问工具栏"下拉按钮，选择需要添加到快速访问工具栏的命令，即可将该命令添加到"快速访问工具栏"中，再次单击将从"快速访问工具栏"中移除。

2. 功能区

Word 2013 功能区提供了多种操作和功能设置，主要包括："开始""插入""设计""页面

布局""引用""邮件""审阅""视图"等选项卡，每个选项卡中又包括多个选项组。

（1）"开始"选项卡

"开始"选项卡包括"剪贴板""字体""段落""样式"和"编辑"选项组，主要用于帮助用户对 Word 2013 文档进行文字编辑和格式设置，是用户最常用的选项卡，如图 1-1-3 所示。

图 1-1-3 "开始"选项卡

（2）"插入"选项卡

"插入"选项卡包括"页面""表格""插图""应用程序""媒体""链接""批注""页眉和页脚""文本"和"符号"选项组，主要用于在 Word 2013 文档中插入各种对象，如图 1-1-4 所示。

图 1-1-4 "插入"选项卡

（3）"设计"选项卡

"设计"选项卡包括"文档格式"和"页面背景"选项组，主要功能包括主题的选择和设置、设置水印、设置页面颜色和页面边框等选项，如图 1-1-5 所示。

图 1-1-5 "设计"选项卡

（4）"页面布局"选项卡

"页面布局"选项卡包括"页面设置""稿纸""段落""排列"选项组，用于帮助用户设置 Word 2013 文档页面样式，如图 1-1-6 所示。

图 1-1-6 "页面布局"选项卡

（5）"引用"选项卡

"引用"选项卡包括"目录""脚注""引文与书目""题注""索引"和"引文目录"选项组，用于实现在 Word 2013 文档中插入目录等高级功能，如图 1-1-7 所示。

图 1-1-7 "引用"选项卡

（6）"邮件"选项卡

"邮件"选项卡包括"创建""开始邮件合并""编写和插入域""预览结果"和"完成"选项组，该选项卡的作用比较专一，专门用于在 Word 2013 文档中进行邮件合并方面的操作，如图 1-1-8 所示。

图 1-1-8 "邮件"选项卡

（7）"审阅"选项卡

"审阅"选项卡包括"校对""语言""中文简繁转换""批注""修订""更改""比较"和"保护"选项组，主要用于对 Word 2013 文档进行校对和修订等操作，适用于多人协作处理 Word 2013 长文档，如图 1-1-9 所示。

图 1-1-9 "审阅"选项卡

（8）"视图"选项卡

"视图"选项卡包括"视图""显示""显示比例""窗口"和"宏"选项组，主要用于帮助用户设置 Word 2013 操作窗口的视图类型，以方便操作，如图 1-1-10 所示。

图 1-1-10 "视图"选项卡

3. 状态栏

状态栏位于 Word 2013 窗口底部的水平区域，用于显示正在编辑的文档的相关信息。

4. 视图按钮

（1）页面视图

Word 2013 默认的视图方式，其显示效果与打印效果一致。用户一般只在此视图方式下进行文档的编辑和排版，如图 1-1-11 所示。选择此视图方式不仅可以显示文档内容，还可以显示页眉和页脚、页面边距、背景颜色和图像。

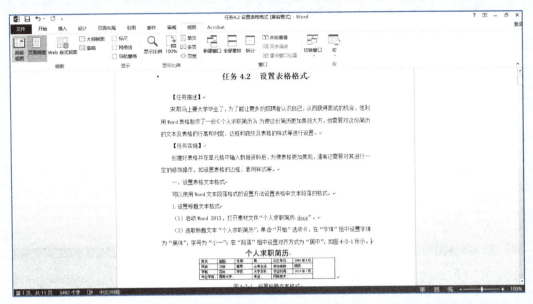

图 1-1-11　页面视图

（2）阅读版式视图

阅读版式视图以图书的分栏样式显示 Word 2013 文档，是优化的视图方式，它方便用户在计算机屏幕上阅读文档，如图 1-1-12 所示。阅读版式视图中的"文件"按钮、功能区等窗口元素被隐藏起来，用户可以单击"工具"按钮选择各种阅读工具。

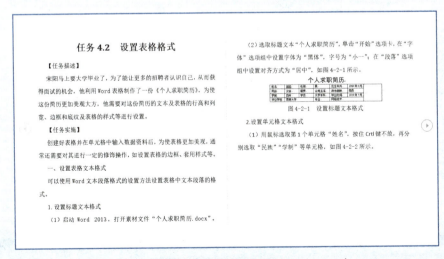

图 1-1-12　阅读版式视图

（3）Web 版式视图

Web 版式视图以网页的形式显示 Word 2013 文档，Web 版式视图适用于发送电子邮件和创建网页，如图 1-1-13 所示。

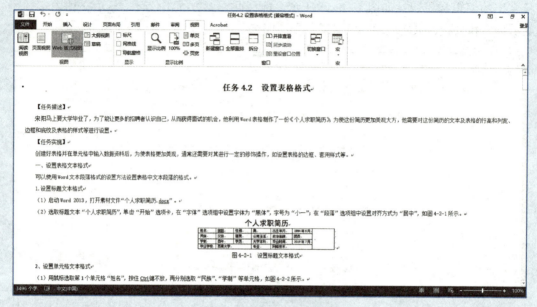

图 1-1-13　Web 版式视图

（4）大纲视图

大纲视图主要用于设置 Word 2013 长文档、显示标题的层级结构，并可方便地折叠和展开各种层级的文档。大纲视图广泛用于 Word 2013 长文档的快速浏览和设置，如图 1-1-14 所示。

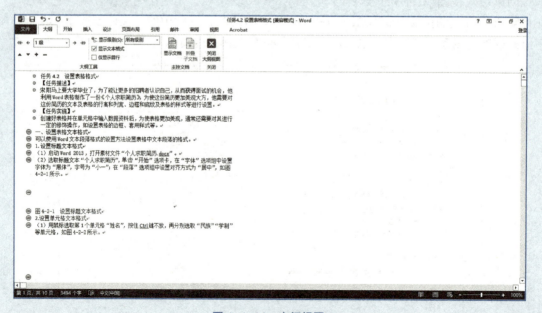

图 1-1-14　大纲视图

（5）草稿视图

草稿视图取消了页面边距、分栏、页眉页脚和图片等元素，如图 1-1-15 所示，仅显示标题和正文，是最节省计算机系统硬件资源的视图方式。草稿视图中使用草稿字体，在资源非常有限的计算机上，选择此选项可加快文档的屏幕显示速度。

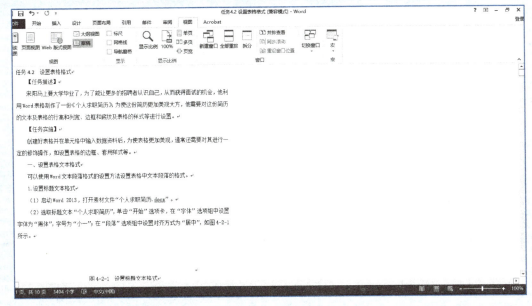

图 1-1-15　草稿视图

三、退出 Word 2013

方法 1：单击标题栏最右端的"关闭"按钮。

方法 2：单击"文件"选项卡中的"退出"命令。

方法 3：在标题栏上右击，在弹出的快捷菜单中选择"关闭"命令。

> **注意**
>
> 如果当前编辑的文档没有保存，系统会弹出一个提示对话框，用户可以根据提示信息确定是否保存该文档。

知识拓展

自定义功能区

打开 Word 文档，把鼠标移动到现有的选项卡任意位置，然后单击鼠标右键，在弹出的菜单中选择"自定义功能区"命令。

打开"Word 选项"对话框，在"自定义功能区"选项中勾选"开始"选项卡，然后单击"新建组"按钮，单击"重命名"按钮，打开"重命名"对话框，输入名称，然后单击"确定"按钮，在左侧选择"形状"命令，然后单击"添加"按钮，单击"确定"，返回 Word 文档中。

如果要将添加的命令从选项卡中删除可以再次打开"Word 选项"对话框，在"自定义功能区"中，选中需要删除的命令或组，单击"删除"按钮，然后单击"确定"按钮即可。

实战提高

1. 分别用不同的方法启动和退出 Word 2013 软件。
2. 启动 Word 2013，找到 Word 2013 窗口的各组成要件，简要说明其功能作用。
3. Word 2013 有哪几种视图方式？各有什么特点？

任务 1.2 使用 Word 2013 文档模板

任务描述

小东在日常生活中，经常需要制作一些"卡""教育""纸张""传单""简历和求职信""信函"的业务，但苦于能力有限，无法完成，得知模板可以帮助自己快速、准确地制作出文档，非常高兴，于是决定把 word 2013 模板的功能努力学好，进一步提高自己的工作能力。

任务实施

一、启动 Word 2013

启用 Word 2013，进入起始页面，如图 1-2-1 所示。

二、根据需要选择适合的模板

1. 单击"空白文档"选项，打开一个空白的新文档，默认命名为"文档 1"，然后可根据需要对新文档进行编辑，如图 1-2-2 所示。

2. Word 2013 提供了搜索联机模板功能，可分为"业务""卡""教育""纸张""传单""简历和求职信""信函"等类型，如图 1-2-3 所示。

图 1-2-1　起始页面

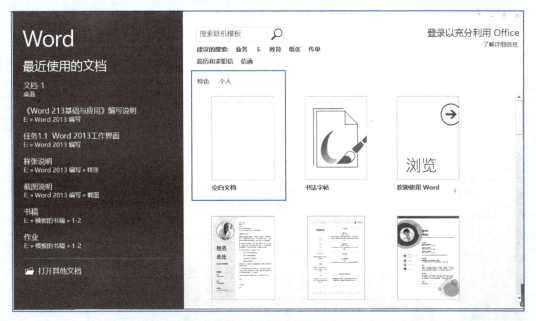

图 1-2-2　新建空白文档

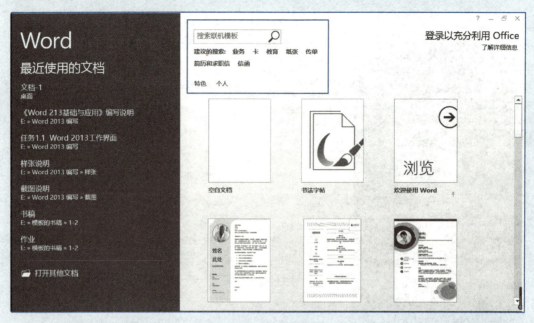

图 1-2-3　搜索联机模板

（1）选择"业务"模板，系统会提供"技术""演示文稿""教育""财务管理""信函""业务计划"等业务类型的标准模板，用户可以根据业务类型选择所需的模板，如图1-2-4 所示。

图 1-2-4　"业务"模板

（2）选择"卡"模板，系统会提供"个人""活动""纸张""业务""假日""标签""教育""邀请函""儿童"等多种卡类型的标准模板，使用标准模板能够快速创作出理想的卡片，如图 1-2-5 所示。

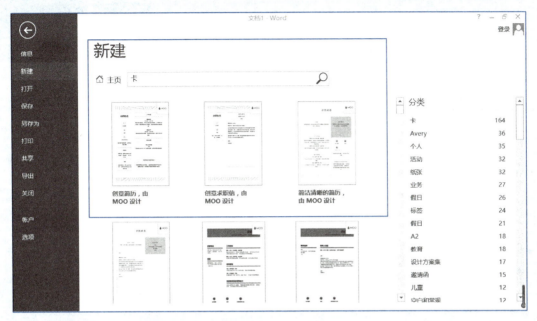

图 1-2-5 "卡"模板

（3）选择"教育"模板，系统会提供大量有关"教育宣传册""大学新闻稿""简历"等类型的模板，用户可以快速高效地制作出与教育相关的各类文档，如图 1-2-6 所示。

图 1-2-6 "教育"模板

（4）选择"纸张"模板，系统为用户提供了"小学新闻稿""求职信""商业信函""传统报纸""足球聚会传单"等多种标准的纸张模板，大大提高了用户的工作效率，如图1-2-7所示。

图1-2-7 "纸张"模板

（5）选择"简历和求职信"模板，系统将为用户提供多种风格的标准模板，例如简洁清晰的简历、极具个性的求职信等，如图1-2-8所示。

图1-2-8 "简历和求职信"模板

（6）选择"传单"模板，系统将为用户提供"聚会邀请单""季节性活动传单""音乐传单""雪花图案活动传单"等多种精美的标准传单模板，如图1-2-9所示。

图 1-2-9 "传单"模板

（7）选择"信函"模板，系统将为用户提供"求职信""个人信头""商业信函""保险权益到期信函""非常规治疗信函""医疗保健服务提供商关系函"等多种标准的信函模板，如图1-2-10所示，用户只要选择适合自己的模板就能快速地制作出精美、规范的各类信函。

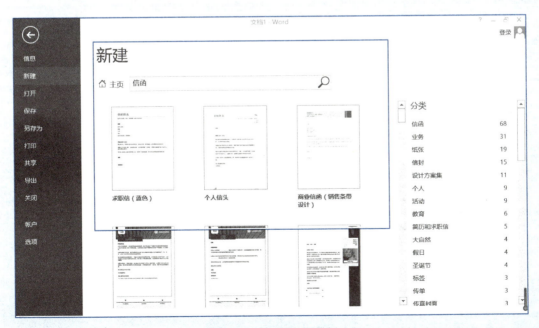

图 1-2-10 "信函"模板

三、保存文档

文档编辑完成后，要对文档进行保存，保存的方法有两种：保存和另存为。

方法1：选择"文件"→"保存"命令，如图1-2-11所示，如果是第一次保存，将会打开"另存为"对话框，如图1-2-12所示，设置保存路径和文件名后单击"保存"按钮即可。如果是之前保存过的文档，系统将以原来文件名进行保存。

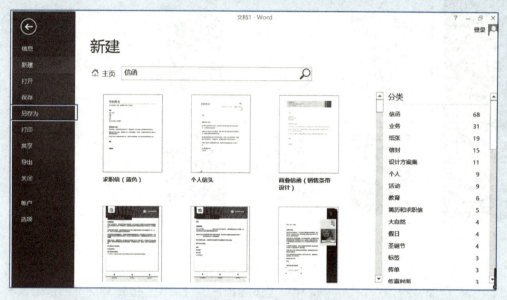

图1-2-11 选择"保存"命令

图1-2-12 设置保存路径和文件名

方法 2：选择"文件"→"另存为"命令，如图 1-2-13 所示，其操作步骤与方法 1 类似，在此不再详述。

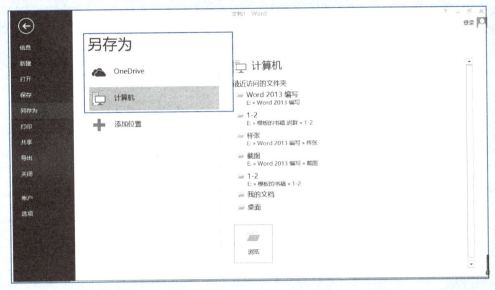

图 1-2-13 选择"另存为"命令

四、打开已有文档

保存完成后，可以继续对文档进行编辑。打开已保存文档的方式有两种：一种是打开最近使用的文档；另一种是打开保存在计算机中的文档。

1. 打开最近使用的文档

（1）选择"文件"→"打开"→"最近使用的文档"命令，如图 1-2-14 所示。

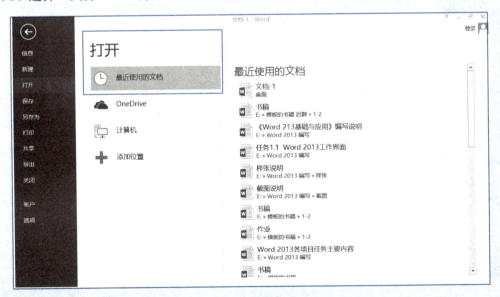

图 1-2-14 打开最近使用文档

（2）双击窗口右侧"最近使用的文档"列表中的文件名即可打开，如图1-2-15所示。

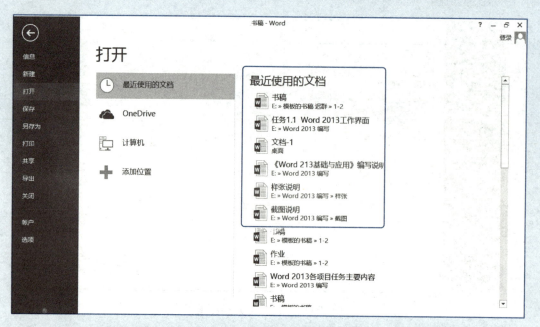

图 1-2-15　最近使用的文档

2. 打开保存在计算机中的文档

（1）选择"文件"→"打开"→"计算机"命令，如图1-2-16所示。

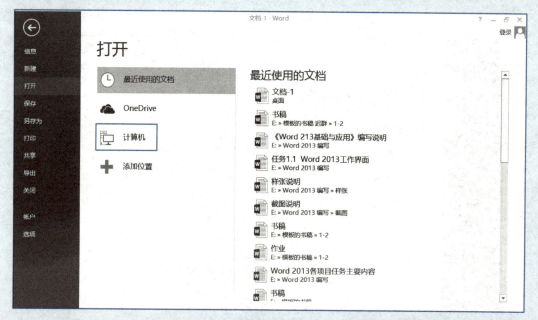

图 1-2-16　打开保存在计算机中的文档

（2）选择保存在计算机中文档的路径，如图 1-2-17 所示，双击该文档即可打开。

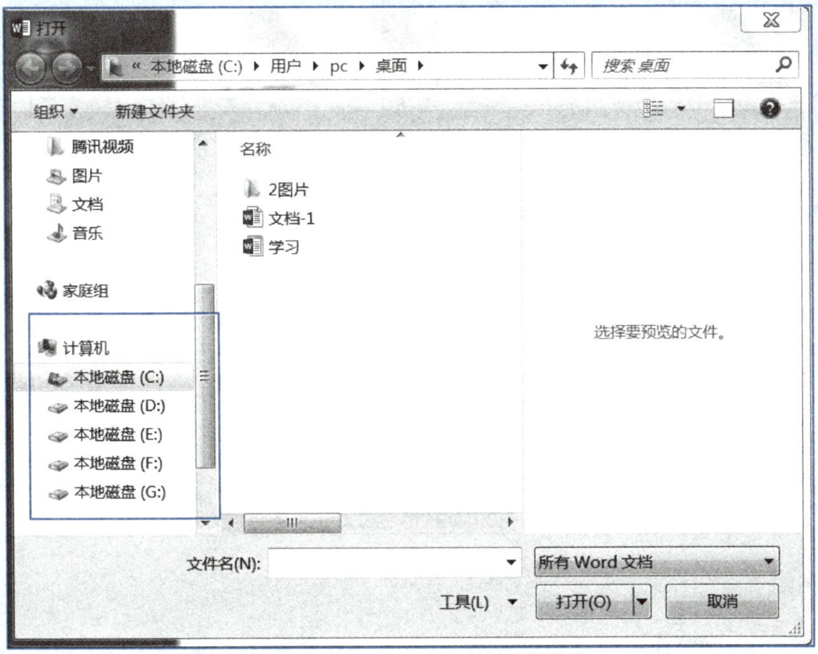

图 1-2-17 选择已保存文档的路径

知识拓展

　　Word 2013 新增了一个强大的模板功能，这个功能为用户带来极大的便利，许多模板都可以通过联机搜索功能来显现，联机搜索出来的模板不仅样式多，而且由设计者精心设计而成，更具规范性的、专业性字体、图形、格式、新颖样式等都能为用户带来更多便利。

　　1. 新建模板分类

　　一般新建模板分为：业务、卡、教育、纸张、传单、简历和求职信、信函，各有特点，针对性强。

　　2. 模板的特点

　　Word 中的模板相当于文档的模具，同一个类型的模板制作出的文档，文本的形式、排版格式等方面也是一样的。用户只需要根据需要选择对应的模板，就可以快速、方便地创建具有规范性、专业性和结构完整的文档。

实战提高

　　1. 使用"卡"模板制作一张感恩贺卡，把内容修改为父亲节感恩贺卡，制作完成后保存，如图 1-2-18 所示。

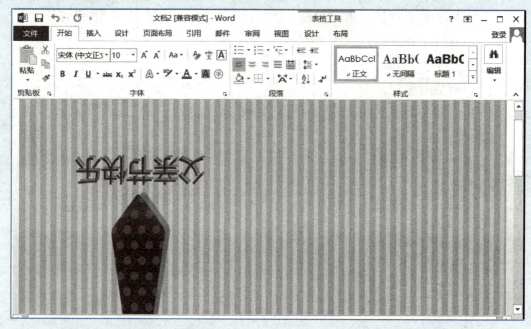

图 1-2-18　感恩贺卡

2. 使用"简历和求职信"模板制作一张个人简历，要求既要符合个人实际情况，又要充分显示自己的个性，既实用又美观，制作完成后保存，如图 1-2-19 所示。

图 1-2-19　个人简历

项目 2　Word 2013 文档编辑

本项目主要讲解文字输入法和 Word 2013 的基本编辑操作，包括选择文本和删除文本、文本的移动与复制、查找和替换、撤销与恢复、插入符号、插入日期和时间、简繁转换等。通过本项目的实施，为深入学习 Word 2013 奠定基础。

任务 2.1 文字输入法

任务描述

李梅作为公司办公室的文员，文字录入是她每天必不可少的工作。现在比较流行的键盘输入法有百度输入法、搜狗输入法等。李梅准备下载并安装"搜狗输入法"进行学习，提高自己的录入水平。

任务实施

一、下载"搜狗输入法"

1. 在浏览器地址栏中输入"搜狗输入法"的官网地址，打开其首页，如图 2-1-1 所示。

2. 单击图 2-1-1 中的"立即下载"按钮即可下载"搜狗输入法"，将其保存到本机中。"搜狗输入法"支持 Windows XP 及其以后的 Windows 版本。

二、安装搜狗输入法

1. 双击下载的"搜狗输入法"安装程序（.exe 文件），进入"搜狗输入法"安装向导，如图 2-1-2 所示。

图 2-1-1　"搜狗输入法"官网首页

图 2-1-2　"搜狗输入法"安装向导

  2. 单击图 2-1-2 右下角的"自定义安装"按钮，可以设置安装位置等，输入法默认安装在"C:\Program Files（x86）\SogouInput"目录下，如图 2-1-3 所示。

  3. 设置完成后，单击"立即安装"按钮即可开始安装。

图 2-1-3　设置安装位置

三、搜狗输入法个性化设置

1. 安装完成后会弹出"个性化设置向导"对话框，如图 2-1-4 所示。在"习惯"选项卡中用户可根据输入习惯选择"全拼"或"双拼"，以及设置"每页候选个数"等。

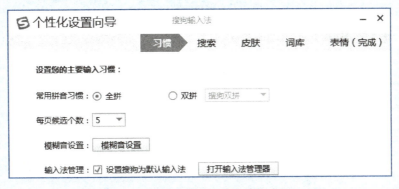

图 2-1-4　"个性化设置向导"窗口

2. 在"习惯"选项卡中还可进行模糊音设置，即对经常拼错的拼音进行设置。单击"模糊音设置"，进入"模糊音设置"对话框，勾选容易拼错的拼音或"开启智能模糊音推荐"复选框，如图 2-1-5 所示。

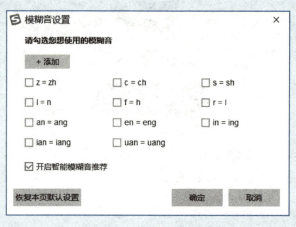

图 2-1-5　模糊音设置

3. 完成模糊音设置后，单击"下一步"按钮，进入"搜索"选项卡。选择在某些环境下输入时自动展示候选搜索，单击候选搜索选项将打开搜狗引擎搜索相关内容，建议在搜索环境和网页环境下使用，如图 2-1-6 所示。

图 2-1-6　选择自动展现搜索候选的环境

4. 单击"下一步"按钮，进入"皮肤"选项卡。在此选项卡中可以选择你喜欢的输入法皮肤，将鼠标移至对应皮肤上，可预览该皮肤效果，如图 2-1-7 所示。如未选择到喜欢的皮肤，可选默认皮肤，待个性化设置完成后打开"皮肤盒子"，在皮肤大全中选择更多的皮肤。

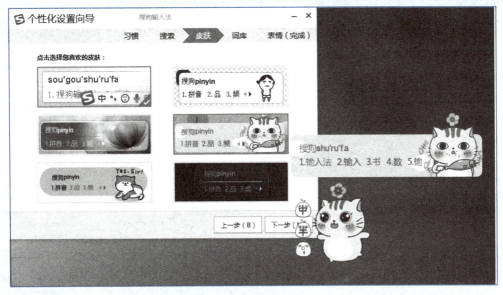

图 2-1-7　选择输入法皮肤

5. 继续单击"下一步"按钮，进入"词库"选项卡。根据需要选择细胞词库，勾选的细胞词库中的常见词组会在输入对应拼音时显示。如勾选"常用细胞词库"中的"成语俗语"复选框，还可以勾选"其他细胞词库"中的"流行新歌""计算机名词""古诗词名句"等复选框，如图 2-1-8 所示。

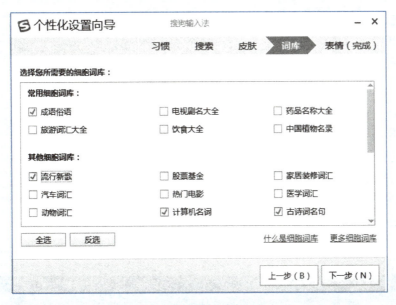

图 2-1-8　选择细胞词库

6. 单击"下一步"按钮，进入"表情（完成）"选项卡，选择需要的表情。设置完表情后，完成个性化设置。

四、使用搜狗输入法录入

1. 在"开始"菜单中选择"Microsoft Office"→"Word 2013"命令，启动 Word 2013，并自动新建一个空白文档。

2. 在语言栏中选择搜狗拼音输入法，如图 2-1-9 所示。

图 2-1-9　选择搜狗拼音输入法

3. 在文档编辑窗口中输入需要录入文字的拼音，搜狗输入法就会展示拼音对应的文字或词组，如图 2-1-10 所示，选择需要的文字或词组前面的数字，即将对应的内容录入 Word 文档中。若第一页的 5 个候选文字或词组中未发现需要的，可使用 PageDown 和 PageUp 键或单击候选文字最后的左右箭头实现翻页，查看新的候选文字或词组。

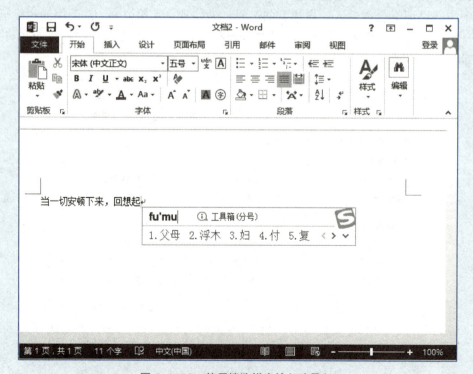

图 2-1-10　使用搜狗拼音输入法录入

知识拓展

"搜狗输入法"是搜狗（Sogou）公司推出的一款汉字输入法。"搜狗输入法"包含即刻转译、跨屏输入、云输入、语音输入、智能纠错等功能。2016年，"搜狗输入法"上线语音识别功能，根据用户说话的语音及语速，可以智能断句并自动添加标点符号。同时提供语音修改功能，通过语音指令修改输入内容。"搜狗输入法"支持跨屏输入，将手机作为扫描仪＋话筒，在手机搜狗输入法中录入语音或通过 OCR（文字扫描），计算机端就能同步显示文字，输入效率直线上升。在"搜狗输入法"中只需输入 v1~v9 中任一代码就可以像打字一样翻页选择想要的特殊字符。其中 v1 为标点符号，v2 为数字序号，v3 为数学单位，v8 为拼音/注音，等等。"搜狗输入法"功能汇总如图 2-1-11 所示。

图 2-1-11　搜狗输入法功能汇总

单击"搜狗输入法"状态栏前方的"自定义状态栏"按钮 S，可以选择常用工具。如要添加手写输入，可在"常用工具"选项组中勾选"✐"复选框，如图 2-1-12 所示。

如果遇到个别不会拼读的汉字，可利用"搜狗输入法"的"手写输入"功能。单击"搜狗输入法"状态栏上的"✐"，打开"手写输入"窗口，利用鼠标在中间米字格内书写汉字，在右侧就会出现对应相似的汉字及拼音，单击需要的汉字即可输入该汉字，如图 2-1-13 所示。

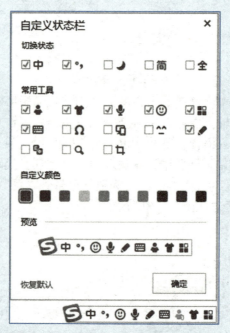

图 2-1-12　搜狗输入法自定义状态栏

图 2-1-13　"手写输入"窗口

实战提高

下载并安装"搜狗输入法"，利用"搜狗输入法"在 Word 2013 中输入以下文字：

海阔凭鱼跃，天高任鸟飞。每个人都怀揣一个属于自己的梦想。

　　然而，什么是梦？什么又是梦想？梦是期待，而梦想是坚强——是你把飘渺的梦坚持作为自己理想的勇气和执著，是你对自己负责的最高境界。但扪心自问，我们又有多少人能够成就自己心中最初的梦想？

任务 2.2　Word 文档编辑的基本操作

任务描述

　　文档编辑是李梅的日常工作，其中选择文本和删除文本、文本的移动与复制、查找和替换、撤销与恢复则是文本编辑的基本操作。在编辑文本的过程中还需要进行插入符号、日期和时间、转换繁体字等其他编辑操作，这也是现代办公人员应具备的职业能力。

任务实施

一、选择文本

　　1. 选定任何数量的文本：按住鼠标左键拖动并向右拖动，选中需要选择的文本，如图 2-2-1 所示。

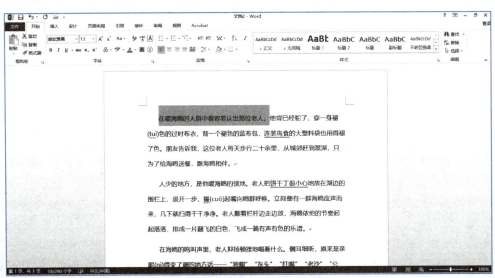

图 2-2-1　选定文本

2. 选定文本中的一个矩形区域：按住 Alt 键并拖曳鼠标左键，绘制一个矩形区域，区域内的文本即被选中，如图 2-2-2 所示。

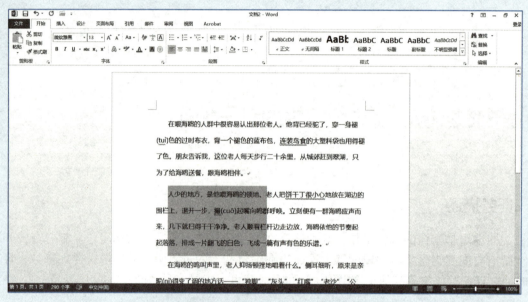

图 2-2-2　选定矩形区域

3. 选定一行：将鼠标指针移至行首左页边距位置，鼠标指针呈右上箭头时单击该行，如图 2-2-3 所示。

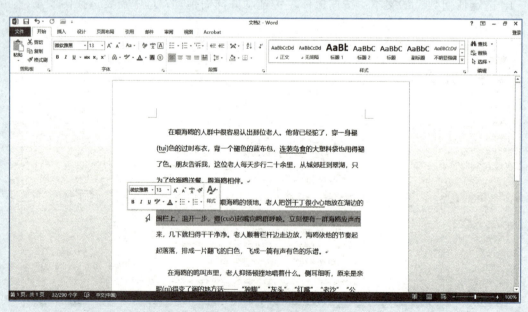

图 2-2-3　选定一行

4. 选定多行：将鼠标指针移至行首左页边距位置，鼠标指针呈右上箭头时单击并拖动，可选择多行。

5. 选定一个自然段：将鼠标指针移至自然段左侧页边距位置，鼠标指针呈右上箭头时双击鼠标，或鼠标三击该自然段。

6. 选定不相邻的多个区域：选定第一个区域后，按住 Ctrl 键再选择其他区域。

7. 选定一句：按住 Ctrl 键，鼠标单击该句。

8. 全选：将鼠标指针移至左页边距位置，鼠标指针呈右上箭头，三击鼠标，或按快捷键 Ctrl+A。

二、删除文本

方法 1：将光标移动到要删除的内容右侧，按 Backspace 键。

方法 2：将光标移动到要删除的内容左侧，按 Delete 键。

方法 3：选定所要删除的内容，按 Backspace 或 Delete 键。

三、文本的移动与复制

1. 文本的移动。

方法 1：选定要移动的文本后按住鼠标左键拖动，将文本拖动到指定位置放开左键，如图 2-2-4 所示。

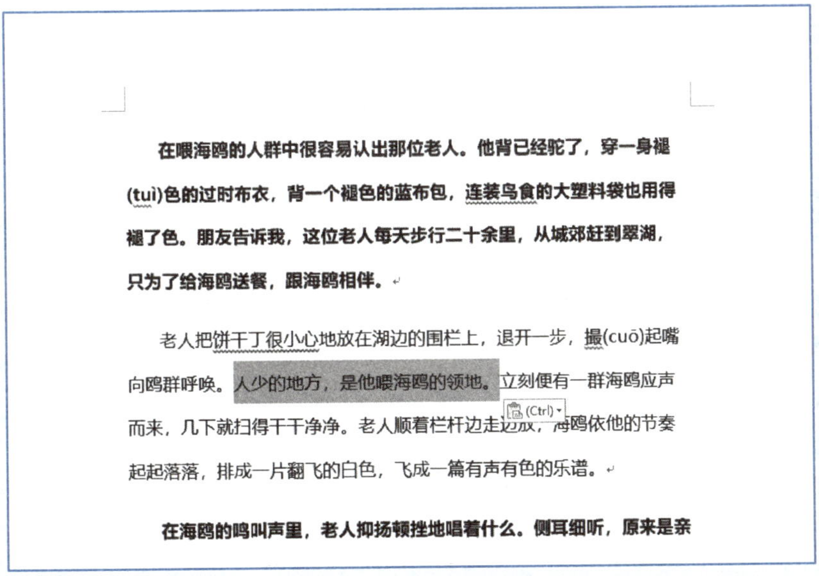
在喂海鸥的人群中很容易认出那位老人。他背已经驼了，穿一身褪(tuì)色的过时布衣，背一个褪色的蓝布包，连装鸟食的大塑料袋也用得褪了色。朋友告诉我，这位老人每天步行二十余里，从城郊赶到翠湖，只为了给海鸥送餐，跟海鸥相伴。

老人把饼干丁很小心地放在湖边的围栏上，退开一步，撮(cuō)起嘴向鸥群呼唤。人少的地方，是他喂海鸥的领地。立刻便有一群海鸥应声而来，几下就扫得干干净净。老人顺着栏杆边走边放，海鸥依他的节奏起起落落，排成一片翻飞的白色，飞成一篇有声有色的乐谱。

(Ctrl)

在海鸥的鸣叫声里，老人抑扬顿挫地唱着什么。侧耳细听，原来是亲

图 2-2-4　移动文本

方法 2：选定要移动的文本，按 Ctrl+X 键剪切，把光标移动到指定位置后按 Ctrl+V 键粘贴。

2. 文本复制。

方法 1：选定要复制的文本，同时按住 Ctrl 键，鼠标左键拖动到指定位置，松开鼠标。

方法 2：选定要复制的文本，单击右键，在弹出的快捷菜单中选择"复制"命令，然后将光标移动到指定位置右击，在弹出的快捷菜单中选择"粘贴选项"下各种格式的粘贴，如图 2-2-5、图 2-2-6 所示。

图 2-2-5　复制

图 2-2-6　粘贴选项

四、撤销与恢复

如果发现上一步操作有误，可以按 Ctrl+Z 键，或者单击"快速访问工具栏"上的"撤销"按钮↩，撤销上一步操作。假如要恢复刚撤销的操作，可以单击"快速访问工具栏"上的"恢复"按钮↪，如图 2-2-7 所示。

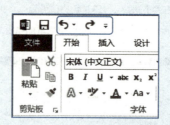

图 2-2-7　撤销与恢复

五、查找和替换功能

1. 单击"开始"选项卡，在右侧"编辑"选项组中单击"查找"或"替换"按钮，如图 2-2-8 所示。

图 2-2-8　查找和替换

2. 单击"查找"按钮，在左侧"导航"窗格中输入要查找文本，系统会以突出显示的方式标记查找到的文本，如图 2-2-9 所示。

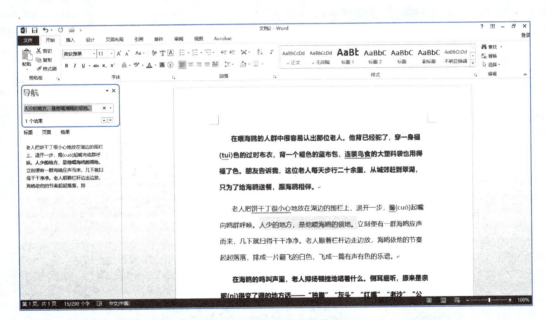

图 2-2-9　查找导航

3. 单击"查找"按钮旁的下三角按钮，在下拉菜单中选择"高级查找"，进入"查找和替换"对话框，如图 2-2-10 所示。

4. 单击"格式"按钮旁下三角按钮，在下拉菜单中选择格式类型（例如"字体""段落"等），选择"字体"可以打开"查找字体"对话框，在该对话框中可以选择要查找的字体、字形、字号、颜色、加粗、倾斜等选项；还可进行特殊格式的设置。

图 2-2-10 "查找和替换" 对话框

5. 在图 2-2-10 所示的对话框中单击 "替换" 选项卡，在 "查找内容" 和 "替换为" 文本框中输入要查找、替换的文本，单击 "替换" 按钮进行某处替换，单击 "全部替换" 按钮将对全部查找内容进行替换，如图 2-2-11 所示。

图 2-2-11 替换

六、插入符号

单击 "插入" 选项卡，在右侧 "符号" 选项组中可以选择插入符号的种类，如图 2-2-12 所示。

图 2-2-12 插入符号

在"符号"选项组中有"公式""符号""编号"三个按钮，如图 2-2-13 所示。

图 2-2-13 "符号"选项组

1. 插入公式

① 插入内置公式。单击"插入"选项卡，在"符号"选项组中单击"公式"按钮，可以直接选择内置的公式，如图 2-2-14 所示。

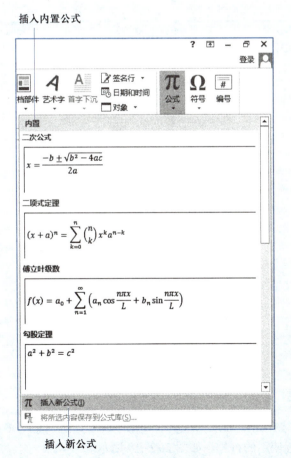

图 2-2-14 插入公式

② 插入新公式。如果我们需要插入新公式，可以单击底部的"插入新公式"命令，如图 2-2-14 所示。单击后，在光标处会出现 在此处键入公式。 提示，此时可以对公式进行编辑，选择需要的新公式结构和符号，如图 2-2-15 所示。

图 2-2-15　新公式结构和符号

如要插入公式 $\lim\limits_{n\to\infty}\left(1+\frac{1}{n}\right)^n$，在"结构"选项组中单击"极限和对数"按钮，找到常用函数中的公式 $\lim\limits_{n\to\infty}\left(1+\frac{1}{n}\right)^n$，然后选中插入后的公式，使用"替换"功能，将公式里的 n 替换为 x，如图 2-2-16 所示。

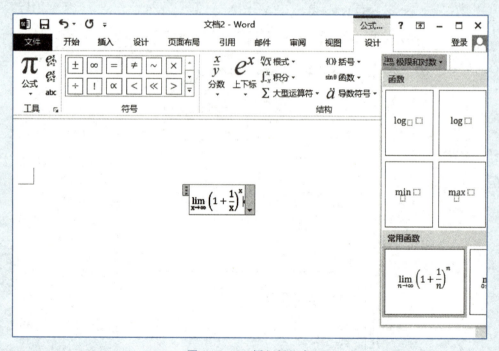

图 2-2-16　插入新公式

2. 插入符号

① 插入常用符号。单击"插入"选项卡，在"符号"选项组中单击"符号"按钮，可以插入常用的符号或最近使用的符号，如图 2-2-17 所示。

图 2-2-17　插入符号

　　② 插入特殊符号。可以单击底部的"其他符号"命令，打开"符号"对话框，如图 2-2-18 所示。

图 2-2-18　"符号"对话框

　　在"符号"对话框中单击"字体"右侧的下三角按钮，在打开的下拉列表中选中所需的字体，然后在符号列表中单击需要的符号，然后单击"插入"按钮即可，如图 2-2-19 所示。

图 2-2-19　选择符号

3. 插入编号

单击"插入"选项卡，在"符号"选项组中单击"编号"按钮，打开"编号"对话框，在"编号"文本框中输入编号的数字，在"编号类型"列表框中选择需要的编号类型，单击"确定"按钮即可插入编号，如图 2-2-20 所示。

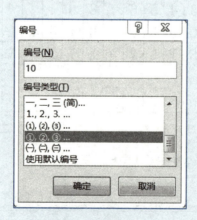

图 2-2-20　插入编号

七、插入日期和时间

在使用 Word 2013 编辑文档的时候，有时需要在文档中插入日期和时间，可使用以下方法插入日期和时间。

1. 打开 Word 2013 文档，将光标移动到放置日期和时间的指定位置。单击"插入"选项卡，在"文本"选项组中单击"日期和时间"按钮，打开"日期和时间"对话框，如图 2-2-21 所示。

图 2-2-21　"日期和时间"对话框

2. 在"日期和时间"对话框的"可用格式"列表框中选择合适的日期或时间格式，单击"确定"按钮即可。

八、转换繁体字

选定需要转换的内容，单击"审阅"选项卡，在"中文简繁转换"选项组中单击"繁转简""简转繁"或"简繁转换"按钮即可完成转换，如图 2-2-22 所示。

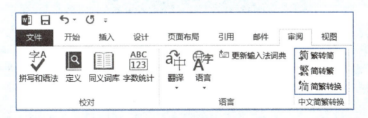

图 2-2-22　"中文简繁转换"选项组

知识拓展

对于页数超过一页的文档建议插入页码，这样打印出来后便于按页码顺序查看文档内容。单击"插入"选项卡，在"页眉和页脚"选项组中单击"页码"按钮，一般选择"页面底端"→"普通数字 2"，如图 2-2-23 所示。

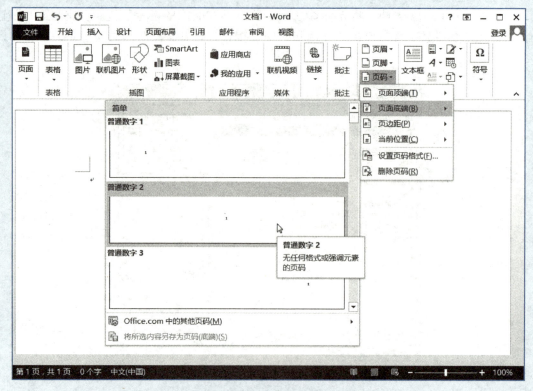

图 2-2-23　插入页码

　　刚插入的页码为无任何格式的页码，单击"插入"选项卡，在"页眉和页脚"选项组中单击"页码"按钮，选择"设置页码格式"，打开"页码格式"对话框，在"编号格式"下拉列表框中选择需要的格式。页码编号可选择"续前节"或"起始页码"单选按钮，如图2-2-24 所示。

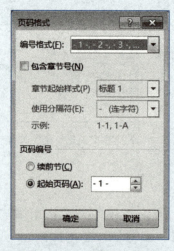

图 2-2-24　设置页码格式

注意

在 Word 中，使用常用快捷键可以提高编辑效率。Word 中常用快捷键参见表 2-2-1。

表 2-2-1　常用快捷键

快捷键	作用	快捷键	作用
Ctrl+S	保存	Ctrl+]	增大字体
Ctrl+X	剪切	Ctrl+[	缩小字体
Ctrl+C	复制	Ctrl+L	左对齐
Ctrl+V	粘贴	Ctrl+E	居中对齐
Ctrl+A	全选	Ctrl+R	右对齐
Ctrl+Z	撤销上一步操作	Ctrl+Shift+N	清除格式
Ctrl+Y	恢复上一步操作	Shift+F3	英文大小写转换

实战提高

打开"素材 2-2-1.docx"，将第一自然段与第二自然段进行调换，把文中"海鸥"替换为"海鸟"。将每个自然段依次使用① ② ③ ……进行编号，在文章结尾处插入"日期和时间"及如下所示公式。

$$\log_a^{MN} = \log_a^M + \log_a^N$$

在 Word 2013 中提供了功能强大的文字编辑功能，用户可以将文本按照自己喜欢的样式和风格进行编辑，包括设置字体、段落分栏等，操作简单，使用方便。图文混排是 Word 2013 的重要功能。制作图文并茂的文档才能更好地服务于实际工作。

任务 3.1 设置文本格式

任务描述

李阳刚走上工作岗位，就被分配了和张助理一起整理《考勤管理办法实施细则》的任务，要求李阳将其制作成格式规范的电子文档存档，最后打印出来分发给各部门。要完成这一任务，李阳需要使用 Word 2013 录入领导审核后的《考勤管理办法实施细则》，并对文本进行格式设置。

任务实施

在 Word 2013 文档中输入的文本默认字体为宋体，默认字号为五号，为了使文档美观、条理清晰、阅读方便，通常需要对文本进行格式化操作，如设置字体、字号、字体颜色、字形、字体效果和字符间距等。

一、文本格式的设置界面

启动 Word 2013，单击"开始"选项卡，在"字体"选项组中可以进行文本格式设置。

1. 字体工具按钮

单击字体工具中的各按钮可以对字体进行常规设置，快捷且方便，如图 3-1-1 所示。

2. "字体"对话框

如果需要进行更加复杂的字体设置，可单击"字体"选项组右下角的对话框启动器按钮 ，打开"字体"对话框，在其中可以进行字体格式的详细设置，如图 3-1-2 所示。

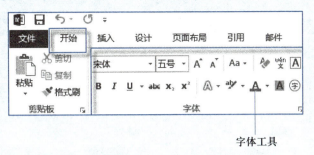

字体工具

图 3-1-1 字体工具按钮

图 3-1-2 "字体"对话框

3. "字体"对话框中"高级"选项卡

如果需要设置字符的缩放、间距等高级选项，可在"字体"对话框中单击"高级"选项卡，如图 3-1-3 所示。

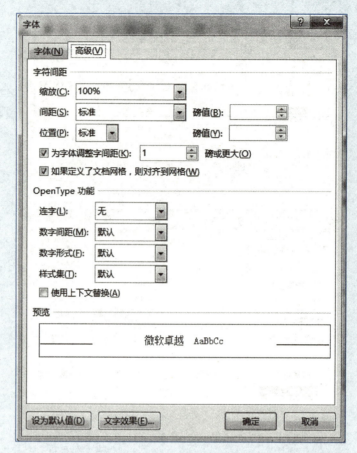

图 3-1-3 "高级"选项卡

二、文本格式的设置方法

在本任务中，李阳需要将《考勤管理办法实施细则》中的标题文本格式设置为：字体为"微软雅黑"，字号为"小三"，字形"加粗"，颜色为"红色"。

操作方法 1：

（1）打开文档"3-1-1考勤管理办法实施细则"，选中文档标题。

（2）在"开始"选项卡"字体"选项组中单击"字体"下拉列表框，选择"微软雅黑"字体，如图 3-1-4 所示。

（3）在"字体"选项组中单击"字号"下拉列表框，选择"小三"，如图 3-1-5 所示。

（4）在"字体"选项组中单击"加粗"按钮设置字形，如图 3-1-6 所示。

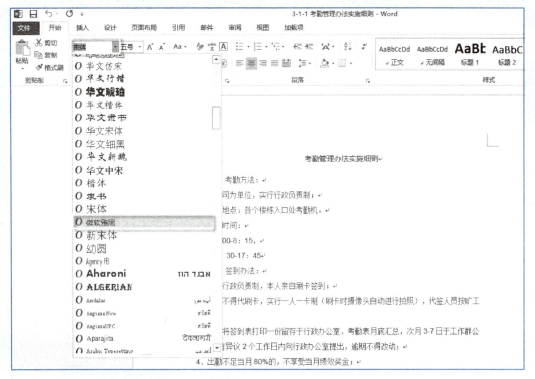

图 3-1-4　字体设置

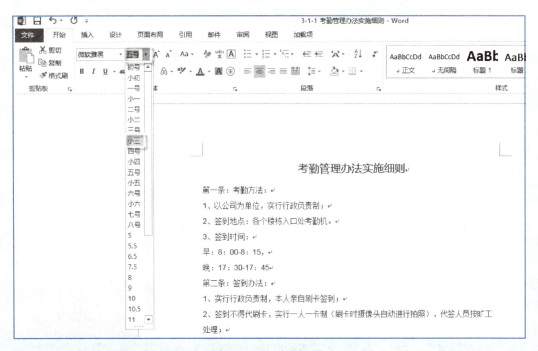

图 3-1-5　字号设置

图 3-1-6　字形设置

（5）在"字体"选项组中单击"字符颜色"下拉列表框，选择"红色"，如图 3-1-7 所示，如需其他颜色，选择"其他颜色"命令；也可选择"渐变"命令，设置渐变效果。

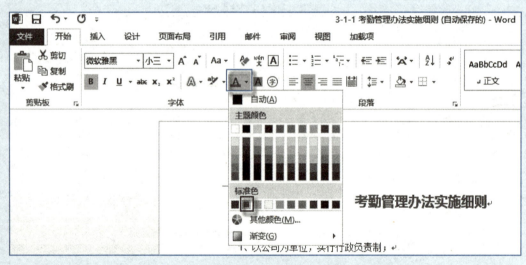

图 3-1-7　字符颜色设置

操作方法 2：

单击"字体"选项组右下角的对话框启动器按钮　，打开"字体"对话框，在该对话框中可选择相应的字体、字号、字形和颜色，如图 3-1-8 所示。

操作方法 3：

除了基本的字体、字号、字形及字体颜色以外，还需要将标题进行缩放及间距调整，这时就要使用"高级"选项卡进行设置，如图 3-1-9 所示。

图 3-1-8　"字体"对话框设置字符格式

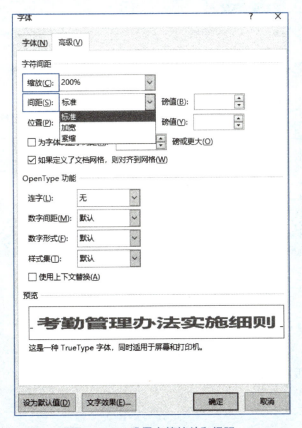

图 3-1-9　设置字符缩放和间距

知识拓展

除了进行常规的字体、字号、字形、颜色等设置外，有时候还会用到如下设置：下划线线型及颜色，着重号，删除线、上标、下标等文字效果，字符提升、文字边框、字符底纹、带圈字符等。

1. 如需对字符进行下划线线型及颜色设置、着重号标注、删除线、上标、下标等设置都在"字体"选项卡中进行，如图 3-1-10 所示。

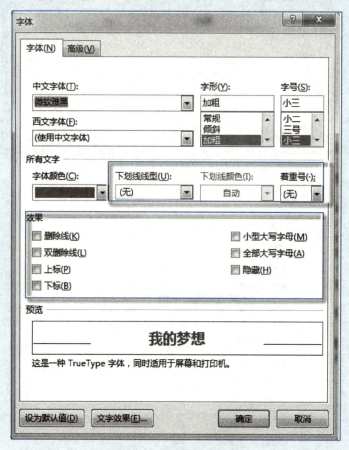

图 3-1-10　字符格式设置

而利用在"字体"选项组上的字体工具按钮，也可以进行字形、删除线、上标、下标的设置，如图 3-1-11 所示；也可进行下划线的相关设置，如图 3-1-12 所示。

2. 文字效果和版式设置。在"字体"选项组中单击"文本效果和版式"按钮，如图 3-1-13 所示。

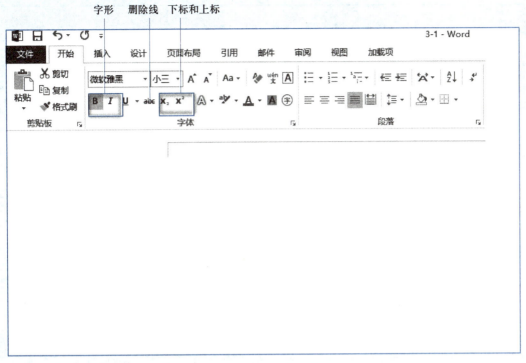

图 3-1-11　字形、删除线、下标、上标设置

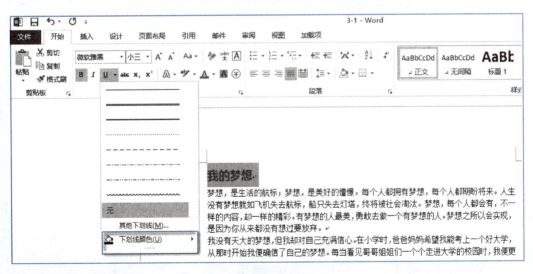

图 3-1-12　下划线设置

　　也可以通过单击"字体"对话框中"文字效果"按钮进行设置，如图 3-1-14 和图 3-1-15 所示。

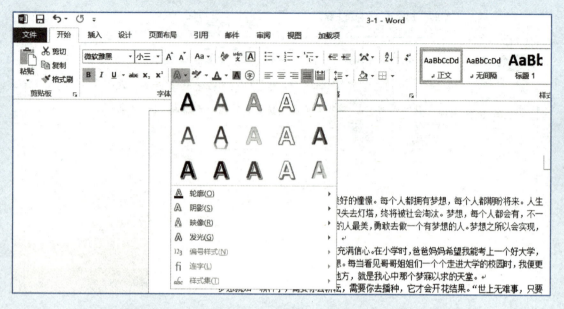

图 3-1-13　文本效果和版式设置

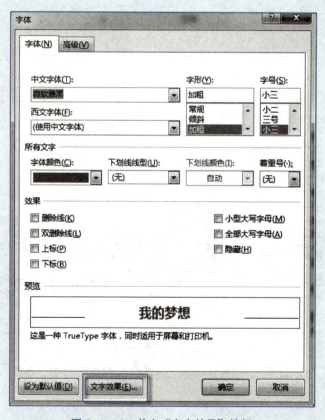

图 3-1-14　单击"文字效果"按钮

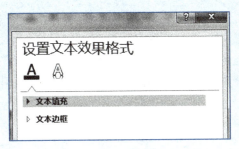

图 3-1-15　"设置文本效果格式"对话框

3. 在"字体"选项组上利用字体工具按钮还可以进行文字底纹、带圈字符设置，如图 3-1-16 所示。

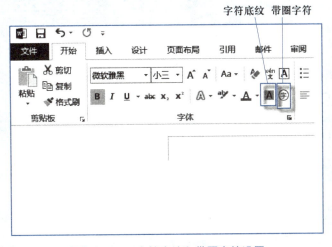

图 3-1-16　字符底纹和带圈字符设置

4. 在"字体"选项组上利用字体工具按钮还可以进行字符边框设置，选中要设置带边框的文字，单击"字符边框"按钮，如图 3-1-17 所示。

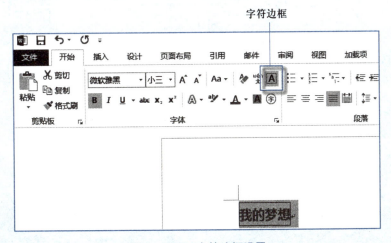

图 3-1-17　字符边框设置

5. 在"字体"选项组上利用字体工具按钮还可以进行拼音指南设置，选中要标注拼音的字符，单击"拼音指南"按钮，在打开的"拼音指南"对话框中进行设置，如图 3-1-18 所示。注意：这里要自动标音就必须提前安装微软拼音输入法。

6. 在"字体"选项组上利用字体工具按钮还可以进行文字提升设置，如图 3-1-19 所示。

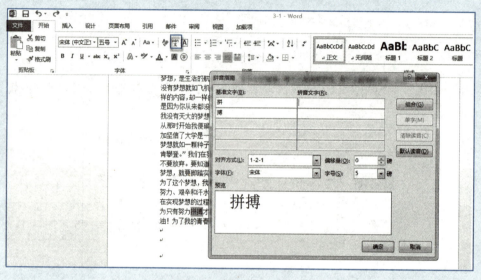

图 3-1-18　拼音指南设置

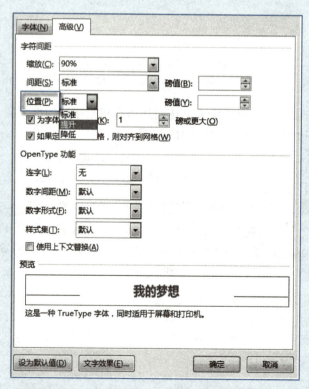

图 3-1-19　文字提升设置

实战提高

一、可以使用哪些方式进行字符的基本格式设置？

二、对素材文件"3-1-1　考勤管理办法实施细则.docx"中的字符进行如下设置：

1. 将正文所有文字，字体设置为"宋体"，字号设置为"四号"。

2. 将"第一条：考勤方法：第二条：签到办法：第三条　其他考勤办法"文字字形设置为加粗，字体颜色设置为"红色"。

3. 为第二条中的字符"一人一卡制"添加着重号。

三、对素材文件"3-1-2　我的梦想.docx"中的字符进行如下设置：

1. 文章标题字符格式设置：字体为"黑体"，字号为"小三"，字形"加粗"，颜色为"蓝色"，字符间距为"加宽"。

2. 将正文所有文字，字体设置为"宋体"，字号设置为"小四"。

3. 为第一段的第一个"梦想"二字设置底纹。

4. 为第二段的"梦寐以求"添加下划线，下划线为粗线，颜色为红色。

5. 为最后一段中"不管自己做什么事"中的"自己"二字添加删除线。

任务 3.2　设置段落格式

任务描述

　　刘文是某公司的新员工，为了尽快熟悉公司的各项规章制度，公司给刘文安排的工作任务是将公司的电子文档进行整理和存档，在整理的过程中，刘文发现公司的大多数电子文档都存在着对齐方式、缩进方式、段间距、行间距等段落格式设置不合理的情况，但刘文之前从来没有接触过段落格式设置的问题，为了高质量、高标准地完成公司交给的任务，刘文决定好好学习段落格式的设置。

任务实施

一、设置段落的对齐方式

　　对齐方式是段落内容在文档的左右边界之间的横向排列方式，Word 共有 5 种对齐方式：左对齐、右对齐、居中、两端对齐和分散对齐。

1. 启动 Word 2013，打开素材文件"花语.docx"。
2. 单击"开始"选项卡，选中文本，单击"段落"选项组右下角的对话框启动器按钮，打开"段落"对话框，如图 3-2-1 所示。

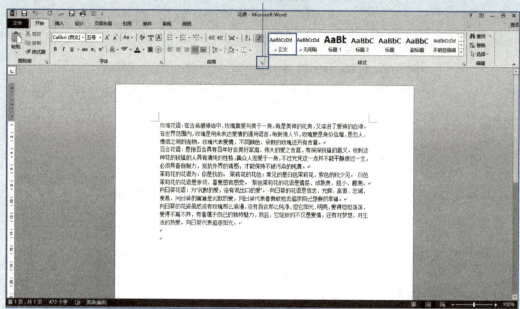

图 3-2-1　"段落"对话框

3. 在"段落"对话框中单击"缩进和间距"选项卡，在"对齐方式"下拉列表框中选择"左对齐"，如图 3-2-2 所示。

二、设置缩进方式

在 Word 中，缩进是指调整文本与页面边界之间的距离。在水平标尺上有 4 个段落缩进滑块：首行缩进、悬挂缩进、左缩进以及右缩进。

① 首行缩进是将段落的第一行从左向右缩进一定的距离，首行外的各行都保持不变，以便于阅读和区分文章整体结构。

② 悬挂缩进：在这种段落格式中，段落的首行文本没有改变，而除首行以外的文本缩进一定的距离。

③ 左缩进：是整个段落左端距离页面左边起始位置一定的距离。

④ 右缩进：是段落右端距离页面左边起始位置一定的距离。

设置缩进方式的方法如下：

1. 单击"开始"选项卡，单击"段落"选项组右下角的对话框启动器按钮，打开"段落"对话框，如图 3-2-2 所示。

2. 在"段落"对话框中单击"缩进和间距"选项卡，在"特殊格式"下拉列表框中选择"首行缩进"，"缩进值"设置为"2 字符"，如图 3-2-3 所示。

图 3-2-2 设置段落的"对齐方式"

图 3-2-3 设置"特殊格式"

三、设置段间距和行距

段间距：是指 Word 文档中段落与段落之间的距离。

行距：是指文本行与行之间的距离。

1. 设置段间距：单击"开始"选项卡，单击"段落"选项组右下角对话框启动器按钮，打开"段落"对话框，如图 3-2-2 所示。

2. 设置行距：在"段落"对话框中单击"缩进和间距"选项卡，在"间距"中设置"段前""段后"均为"2 行"，在"行距"下拉列表框中选择"1.5 倍行距"，如图 3-2-4 所示。

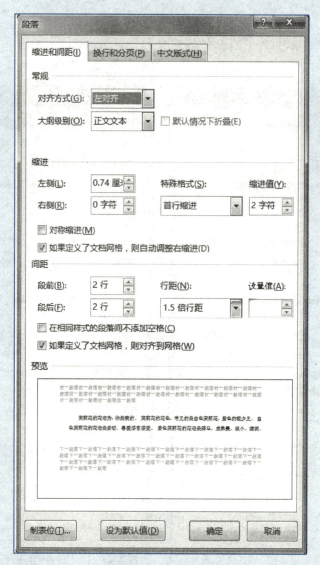

图 3-2-4　设置"间距"

四、设置段落边框底纹

1. 设置段落边框：选中素材的第二段文字，单击功能区中的"设计"选项卡，如图 3-2-5 所示，单击"页面背景"选项组中的"页面边框"按钮，打开"边框与底纹"对话框，单击"边框"选项卡，将边框样式设置为"方框"，"样式"设置为实线，"颜色"设置为红色，"宽度"设置为"0.5 磅"，如图 3-2-6 所示。

2. 设置底纹：选中素材的第二段文字，在图 3-2-6 所示的对话框中单击"底纹"选项卡，将填充颜色更改为黄色，如图 3-2-7 所示。

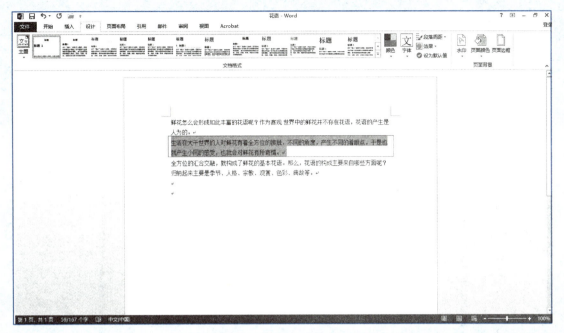

图 3-2-5 "设计"选项卡

图 3-2-6 "边框"选项卡

更改底纹填充色 "底纹"选项卡

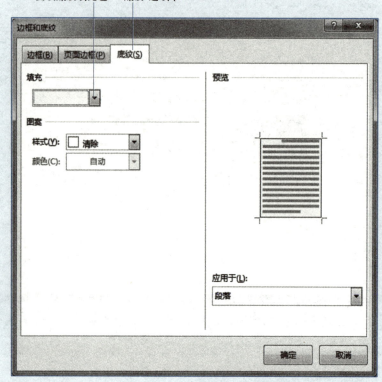

图 3-2-7 "底纹"选项卡

知识拓展

1. 段落样式：命名和存储为段落格式特征的组合。可选择段落并使用样式一次性将所有格式特征应用到段落中。

2. 段落标记：在 Word 文档中按回车键后出现的弯箭头标记，该标记又叫硬回车，在一个段落的尾部显示，包含段落格式信息。

实战提高

对素材文件"百合花.docx"做以下编辑：

1. 将文章段落设置为"左对齐"。

2. 将文章段落设置为"首行缩进"，缩进值为"2 字符"。

3. 将文章的段间距设置为段前"1 行"、段后"1 行"；行距为"1.5 倍行距"。

4. 为文章第一段添加段落边框和底纹，样式为实线、0.5 磅，底纹为绿色。

任务 3.3 图文混排

任务描述

校刊《紫薇花雨》又要出新期啦！本期收录了很多同学的优秀文章。学校编辑部要求校刊制作小组的同学们对所收录的作品进行编辑，要求精心编排、图文并茂、赏心悦目。校刊制作小组成员李思雨对所分配的作品《夏日赏荷》进行编排。

任务实施

一、页面设置

打开素材文件"素材 3-3-1.docx"，选择"页面布局"选项卡，在"页面设置"选项组中单击相应按钮对文档进行页面设置，如图 3-3-1 所示。

1. 设置纸张大小

图 3-3-1　"页面布局"选项卡

单击"纸张大小"按钮，在打开的常用纸张类型列表中进行选择，如图 3-3-2 所示。

2. 设置页边距

在图 3-3-1 中单击"页边距"按钮，在打开的常用页边距设置列表中选择适合的选项。如果列表中没有适合的选项，可以单击列表底部的"自定义边距"，在弹出的"页面设置"对话框中单击"页边距"选项卡，按需要进行设置，如图 3-3-3 所示。

3. 设置纸张方向

在图 3-3-1 所示的"页面布局"选项卡中单击"纸张方向"按钮，在打开的列表中选择"纵向"或者"横向"。

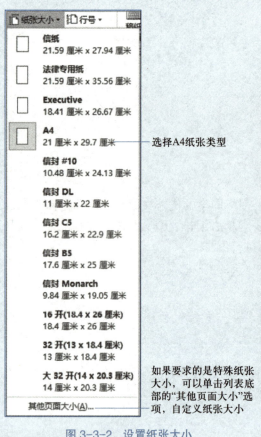

选择A4纸张类型

如果要求的是特殊纸张大小，可以单击列表底部的"其他页面大小"选项，自定义纸张大小

图 3-3-2 设置纸张大小

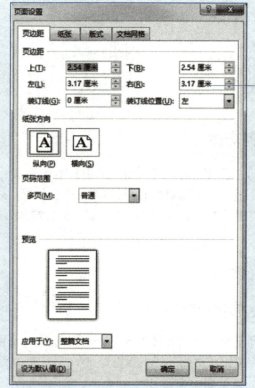

分别输入本次任务需要的页边距

图 3-3-3 设置页边距

二、设置分栏

选择好要进行分栏的文本内容。单击"页面布局"选项卡，在"页面设置"选项组中，单击"分栏"按钮，在弹出的常用分栏类型列表中选择需要的分栏类型，即可完成分栏。也可以单击列表底部的"更多分栏"选项，在弹出的"分栏"对话框中完成分栏设置，如图3-3-4 所示。

按本任务需要，对文章第 3、4、5 段进行分栏，分为两栏，并且添加分隔线。

三、插入艺术字

单击"插入"选项卡，在"文本"选项组中单击"艺术字"按钮，在弹出的艺术字库中选择一个需要的类型。如果都不满意，可以先任选一个，等插入艺术字后，再进行个性化设置，如图 3-3-5 所示。

插入艺术字后，就可以对艺术字进行更多、更具个性化的设置。

1. 设置艺术字样式效果

插入艺术字后，在"艺术字样式"选项组中，可以对艺术字的快速样式、文本填充、文本轮廓、文本效果进行设置，如图 3-3-6 所示。

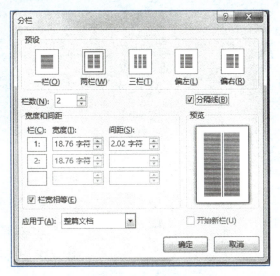

图 3-3-4　设置分栏

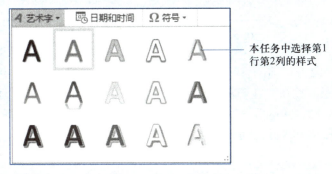

图 3-3-5　选择艺术字类型

本任务中选择第1行第2列的样式

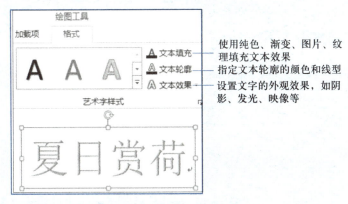

使用纯色、渐变、图片、纹理填充文本效果

指定文本轮廓的颜色和线型

设置文字的外观效果，如阴影、发光、映像等

图 3-3-6　"艺术字样式"选项组

　　例如，在本任务中，要设置艺术字的文本效果为"发光"。具体方法如下：

　　单击"文本效果"按钮，在弹出的类型列表中选择"发光"，在"发光"类型列表中，选择第 1 行第 1 列发光效果，如图 3-3-7 所示。

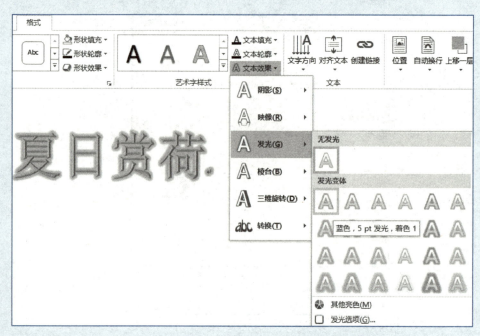

图 3-3-7　设置艺术字的文本效果

相对于 Word 2010 及以前的各种版本，Word 2013 提供的艺术字形状更加丰富。

单击"文本效果"按钮，在弹出的类型列表中，选择"转换"，显示了各类艺术字形状，例如，波形2、倒V形、两端远、腰鼓……只要把鼠标指向某一类型，即可显示该形状的类型名称。本任务选择"上弯弧"，如图 3-3-8 所示。

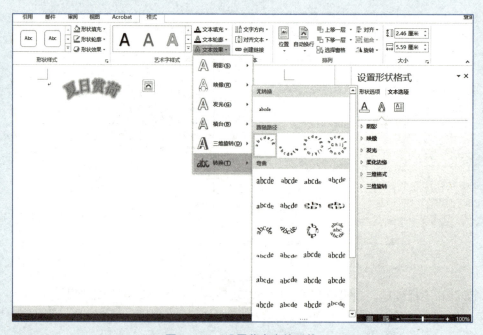

图 3-3-8　设置艺术字的形状

2. 设置艺术字的形状样式

在"形状样式"选项组中，可以修改整个艺术字的样式，并设置艺术字形状的填充、轮廓及形状效果。在"形状样式"选项组中选中预设样式列表中的任意样式即可，如图 3-3-9 所示。

图 3-3-9　艺术字样式中预设样式列表

例如，在本任务中，要求对艺术字的形状填充效果设置为"花束"纹理，如图 3-3-10 所示；形状轮廓设置为浅绿色、0.75 磅实线，如图 3-3-11 所示；形状效果设置为阴影、外部、居中偏移，如图 3-3-12 所示，步骤如下：

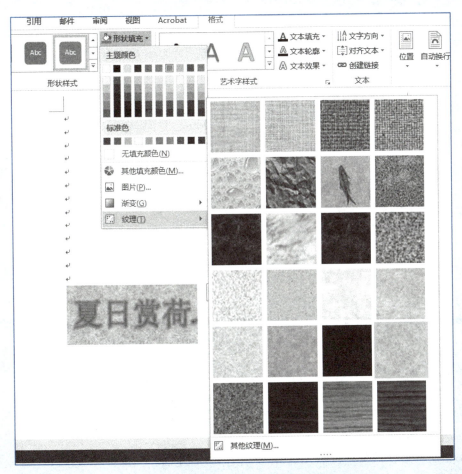

图 3-3-10　设置"花束"纹理

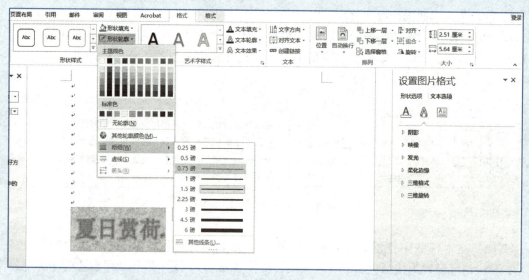

图 3-3-11　对艺术字"形状轮廓"进行设置

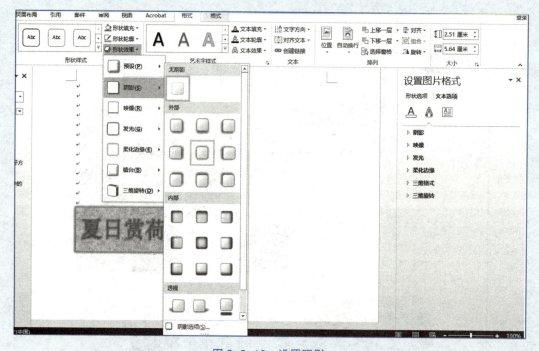

图 3-3-12　设置阴影

（1）单击"形状填充"按钮，选择"纹理"→"花束"。

（2）单击"形状轮廓"按钮，在标准色中选择"浅绿"颜色。

（3）选择"虚线"→"实线"（第 1 种）线型。

（4）选择"粗细"→"0.75 磅"。

（5）单击"形状效果"按钮，选择"阴影"→"外部"→"居中偏移"（2 行 2 列），如图 3-3-12 所示。

3. 其他设置

在"图片工具"功能区的"格式"选项卡中，除了"艺术字样式"和"形状样式"选项组外，还有"文本""排列""大小"选项组，可以帮助用户实现更为复杂的排版要求和个性化设置，如图 3-3-13 所示。

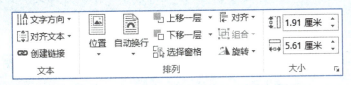

图 3-3-13　"文本""排列""大小"选项组

（1）在"文本"选项组中，可以对艺术字设置"文字方向"（如水平、垂直、旋转）、"对齐文本"（顶端对齐、中部对齐、底端对齐）、"创建链接"。

（2）在"排列"选项组中，可以修改艺术字的排列次序、环绕方式、旋转及组合。

（3）在"大小"选项组中，可以设置艺术字的宽度和高度，可以根据实际需要输入具体的数值进行设置。

在 Word 2013 中，默认情况下，艺术字的环绕方式为"浮于文字上方"，用户可以根据实际排版需要重新设置艺术字的环绕方式。

例如，在本任务中，要求设置艺术字的环绕方式为：顶端居左，四周型文字环绕。操作步骤如下：

① 选择艺术字，单击"排列"选项组中的"位置"按钮。

② 在弹出的"位置"下拉列表中，选择"顶端居左，四周型文字环绕"，使艺术字位于文档最左上角，如图 3-3-14 所示。

在"位置"下拉列表中，只有嵌入型和文字环绕型。若有其他版式要求，可以单击底部的"其他布局选项"

图 3-3-14　艺术字的环绕方式设置

单击"其他布局选项"，打开"布局"对话框，单击"文字环绕"选项卡，可以对艺术字的环绕方式进行更为复杂的设置。Word 中的艺术字和图片与文字混排时，需要设置的环绕方式是一样的。通常有三种混排方式：一是嵌入型方式，即图片在文档中与文字一样占有固定位置；二是环绕文字方式，这时图片在文档中将随着文字的移动而移动，如四周型、紧密型、穿越型、上下型；三是层次方式，即图片浮于文字上方或文字下方，如图 3-3-15 所示。

图 3-3-15 "文字环绕"选项卡

四、插入图片

在图文混排中，图片的使用为文档的美观性增色不少。在 Word 2013 中，对插入图片的各种效果设置增加了不少功能，内容更丰富，样式更复杂，可以满足用户的不同编排需要。

1. 插入图片

将光标定位于要插入图片的位置，单击"插入"选项卡，单击"图片"按钮，在弹出的"插入图片"对话框中选择要插入的图片，单击"插入"按钮即可，如图 3-3-16 所示。

2. 设置图片格式

图片插入后，选中图片，就会显示"图片工具"功能区的"格式"选项卡，在此可以完成关于图片的各类格式设置，如图 3-3-17 所示。

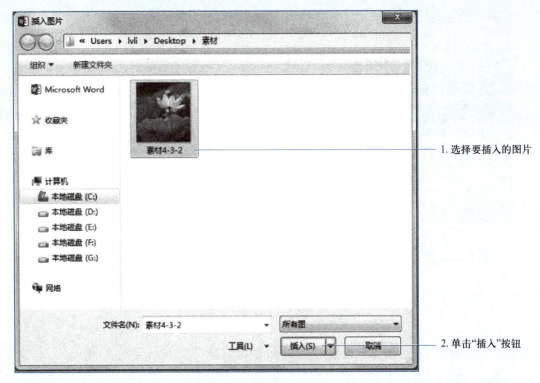

图 3-3-16　插入指定图片

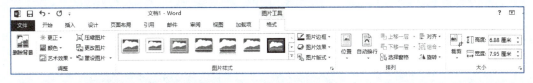

图 3-3-17　"格式"选项卡

（1）在"调整"选项组中，可以对图片进行以下设置：

① 删除背景：可以删除不需要的部分图片。

② 更正：用于改善图片的亮度、对比度、清晰度。

③ 颜色：改变图片颜色以提高质量，或与文档内容匹配。

④ 艺术效果：将艺术效果添加到图片，以使其更像油画或水彩画等。

⑤ 压缩图片 / 更改图片 / 重设图片：用户可以根据实际需要进行各类设置。

在本任务中，插入的图片要在该选项卡中设置"纹理化"艺术效果，如图 3-3-18 所示。

（2）在"图片样式"选项组中，主要对图片的外观进行设置。

① 在外观样式列表中，提供了多种图片的总体外观样式，用户可以自由选择。

② 图片边框：为选定的图片设置轮廓的颜色、宽度和线型。

③ 图片效果：对选定图片设置某种视觉效果，如阴影、发光、三维旋转等。

④ 图片版式：对选定的图片转换为 SmartArt 图形，也可以排列、添加标题、调整图片大小。

在本任务中，要求对图片设置 2.25 磅、橄榄绿、实线边框，添加"向右偏移"阴影效果。操作步骤如下：

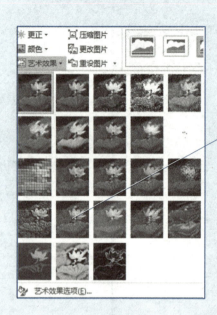

设置"纹理化"艺术效果，
前后效果比对

设置前　　　　　　　　设置后

图 3-3-18　图片艺术效果列表

① 单击"图片边框"按钮，按如图 3-3-19 所示设置。

② 单击"图片效果"按钮，在下拉列表中选择"阴影"→"外部"→"向右偏移"，如图 3-3-20 所示。

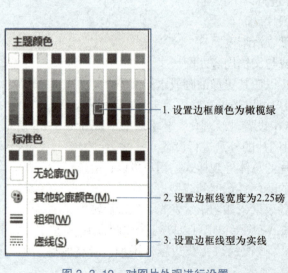

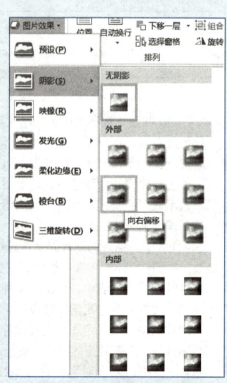

图 3-3-19　对图片外观进行设置　　　　　　　图 3-3-20　设置图片阴影

（3）在"排列"选项组中，可以对图片进行叠放次序、文字环绕方式、图片旋转、对多个图片组合等设置。

在本任务中，要求将图片设置为"四周型文字环绕"方式，并移到合适的位置。操作步骤方法：单击"自动换行"按钮，选择"四周型文字环绕"。

（4）在"大小"选项组中，主要对选择的图片大小进行裁剪，或者按具体的值设置图片的高度和宽度，也可以打开"布局"对话框，对大小进行更具体与复杂的设置。

在本任务中，要求设置插入图片的高度为原图的 17%，宽度为原图的 19%。操作步骤如下：

单击"大小"选项组右下角的对话框启动器按钮，打开"布局"对话框，单击"大小"选项卡，在"缩放"栏中输入要求的高度和宽度值即可，如图 3-3-21 所示。

图 3-3-21　设置图片显示比例

● **知识拓展**

插入艺术字和插入图片，操作方法和设置效果有很多相似的地方。插入艺术字时，系统默认为"嵌入型"文字环绕方式；而插入图片时，系统默认图片为"浮于文字上方"文字环绕方式。各类不同的文字环绕方式，可以有不同的排版效果。除了常用的效果设置外，还可以设置旋转、三维、映像等特殊效果。Word 2013 中的艺术字和图片的设置功能非常强大，用户可以自己体验。

实践提高

打开素材文件"素材 3-3-3.docx"，按要求编辑文档，效果如素材"样文.docx"所示。

1. 页面设置：设置页面纸张大小为 A4。页边距：上、下各为 2.7 cm，左、右各为 3.2 cm。

2. 插入艺术字"荷塘夜色"：设置艺术字样式为第 2 行第 4 列，文字方向为"竖排"；文字环绕方式为"四周型环绕"；设置阴影样式为"外部""向下偏移"；设置发光为"发光变体""第 2 行第 5 列"。并按样文调整艺术字摆放位置。

3. 插入图片素材"素材 3-3-2.png"，设置图片艺术效果为"画图刷"；设置文字环绕方式为"四周型环绕"；设置"阴影样式"为"外部""向右偏移"。按素材"样文.docx"调整图片大小及所在位置，如图 3-3-22 所示。

4. 正文第一段设置为 2 栏、加分隔线。

图 3-3-22　样文

任务 3.4 页面设置

任务描述

就读某职中的高一女生施燕，让妈妈帮她买了一条漂亮的小狗，每天施燕都要带小狗去公园遛弯，朝夕相处了一段时间，她和小狗建立了深厚的感情。有一天施燕同往常一样带着小狗来公园遛弯，遇上一个小女孩哭着找妈妈，施燕热心地帮助小女孩找到了妈妈，但自己的小狗却不见了。施燕很着急，准备发布一个《寻狗启事》，我们要怎样帮助施燕完成这项任务呢？

任务实施

首先，我们要将《寻狗启事》的文字和图片录入到文档中；然后对页面进行整体设置，例如设置页边距、纸张方向、纸张大小等；再对三段文字进行分栏设置和文本设置，增强文字的易读性，例如，设置首字下沉可以提高人们对该段文字的关注度；接下来插入并设置页眉页脚，补充说明酬谢的问题；最后进行页面边框和水印的设置，进一步提高人们的关注度，同时也提高文档的美观度和可看度。

一、设置文档的文字格式

1. 打开素材文件"素材 3-4.docx"，如图 3-4-1 所示。

图 3-4-1　打开素材

2. 选中文本"寻狗启事"后，设置文字字号大小为"70"，居中，加粗，如图 3-4-2 所示。

图 3-4-2　设置标题文字格式

3. 选中正文中三段话，设置文字字号为"小三"，加粗，如图 3-4-3 所示。

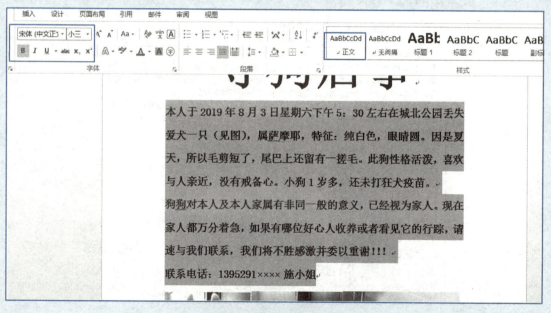

图 3-4-3　设置正文文字格式

二、设置页面边框、纸张大小和纸张方向

1. 单击"页面布局"选项卡的"页面设置"选项组中"页边距"按钮，在下拉菜单中选择"适中"，如图 3-4-4 所示。

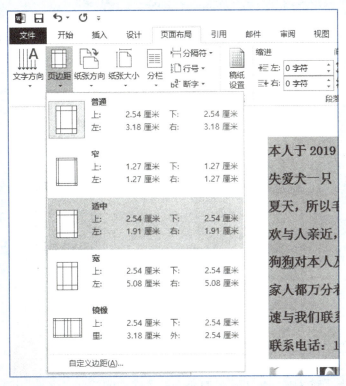

图 3-4-4　设置"页边距"

2. 单击"页面布局"选项卡的"页面设置"选项组中"纸张方向"按钮，在下拉菜单中选择"横向"，如图 3-4-5 所示。

图 3-4-5　设置"纸张方向"

3. 单击"页面布局"选项卡的"页面设置"选项组的"纸张大小"按钮，在下拉菜单中选择"A4"，如图3-4-6所示。

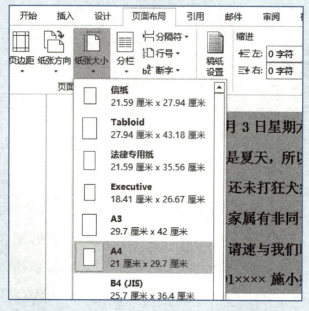

图3-4-6　设置"纸张大小"

三、设置分栏、首字下沉和版式

1. 选中正文中三段文字，单击"页面布局"选项卡的"页面设置"选项组的"分栏"按钮，在下拉菜单中选择"两栏"，如图3-4-7所示。

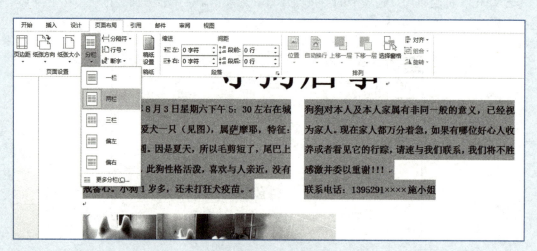

图3-4-7　设置"分栏"

2. 选中正文中第一段文字，单击"插入"选项卡的"文本"选项组的"首字下沉"按钮，在下拉菜单中选择"下沉"，如图 3-4-8 所示。

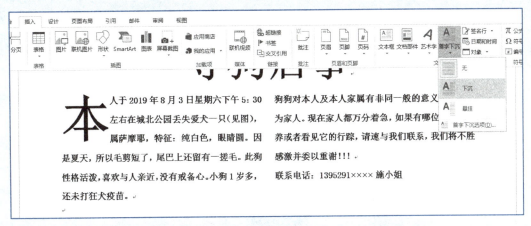

图 3-4-8　设置"首字下沉"

3. 选中图片 1，单击"页面布局"选项卡的"排列"选项组的"自动换行"按钮，在下拉菜单中选择"浮于文字上方"，如图 3-4-9 所示。

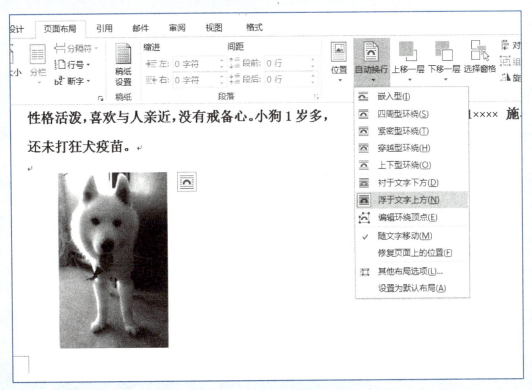

图 3-4-9　设置图片版式布局

4. 依次选中图片 2 和图片 3，重复第 3 个步骤，把另外两张图片也设置为"浮于文字上方"，调整 3 张图片到恰当位置，最终效果如图 3-4-10 所示。

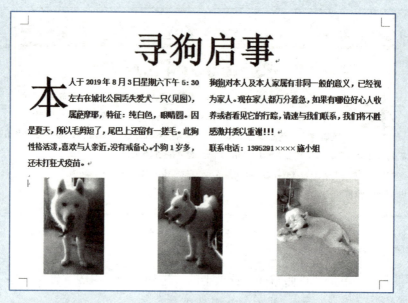

图 3-4-10　最终效果

四、插入页眉页脚、页面边框和水印

1. 单击"插入"选项卡的"页眉和页脚"选项组的"页眉"按钮，在下拉菜单中选择"空白"，如图 3-4-11 所示。

图 3-4-11　插入页眉

2. 在页眉编辑框中输入"2019 年 8 月 3 日"，居右对齐，设置样式为"正文"，以去除页眉默认的横线，如图 3-4-12 所示。

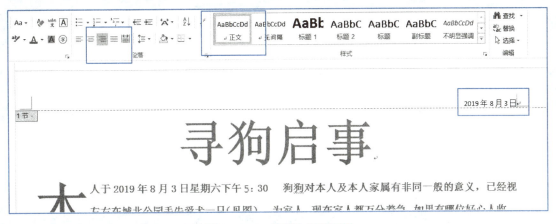

图 3-4-12   编辑和设置页眉

3. 单击"插入"选项卡的"页眉和页脚"选项组的"页脚"按钮，在下拉菜单中选择"空白"，如图 3-4-13 所示。

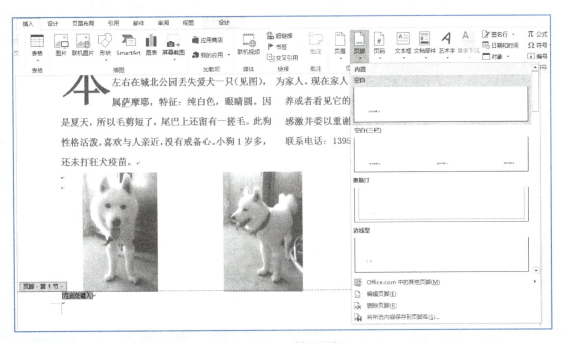

图 3-4-13   插入页脚

4. 在页脚编辑框中输入"重金酬谢"，分散对齐，五号字，加粗，如图 3-4-14 所示。

5. 单击"设置"选项卡的"页面背景"选项组的"水印"按钮，在下拉菜单中选择"紧急 1"，如图 3-4-15 所示。

6. 单击"设置"选项卡的"页面背景"选项组的"页面边框"按钮，如图 3-4-16 所示。

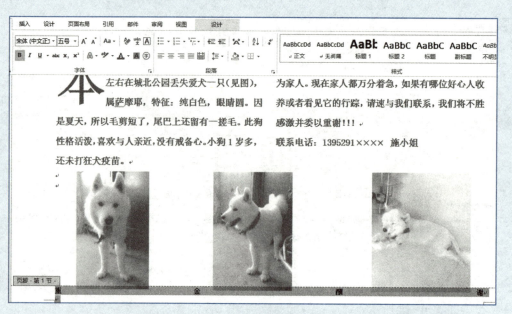

图 3-4-14　编辑和设置页脚

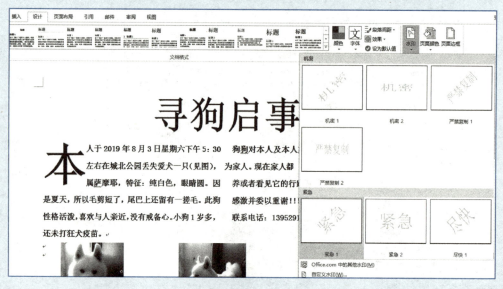

图 3-4-15　插入水印

图 3-4-16　单击"页面边框"按钮

7. 在弹出的"边框和底纹"对话框中，选择"页面边框"选项卡，选择"方框"，选择"样式"为实线，选择"宽度"为"1.5 磅"，单击"确定"按钮，如图 3-4-17 所示。

8. 完成以上设置后的最终效果如图 3-4-18 所示。

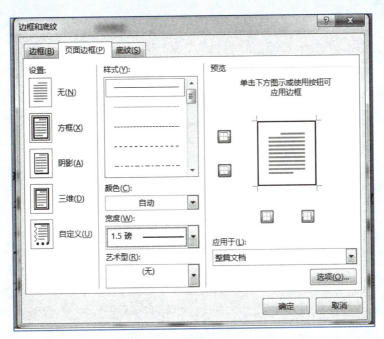

图 3-4-17　设置"页面边框"

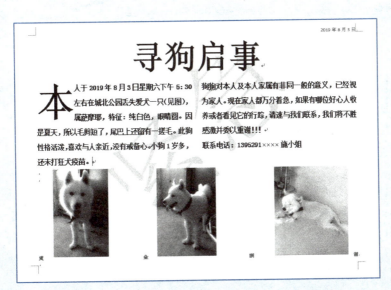

图 3-4-18　最终效果

五、对文档进行保存，退出文档

保存文档后退出 Word 2013。

知识拓展

1. 在 Word 中，页边距的设置除了默认的几种常用设置外，还可根据需要自定义设置，根据实际打印需求，在"页面设置"对话框中对页边距进行调整，如图 3-4-19 所示。

图 3-4-19　自定义页边距

2. 在"设计"选项卡的"页面背景"选项组中除了"水印"和"页面边框"按钮外，还有"页面颜色"按钮，如图 3-4-20 所示，一般在打印黑白文档的应用中是不需要设置页面颜色的。"页面颜色"设置经常应用于不需要打印或能够彩色打印的 Word 文档中，以增强文档的美观性。

图 3-4-20　"页面颜色"按钮

3. 页面颜色除了纯色外，还可以通过"填充效果"对话框应用渐变、纹理、图案、图片来填充和设置页面，具体可根据需要进行设置，如图 3-4-21 所示。

4. 文字方向：有时候我们要文字水平排列（横排），有时候我们要文字垂直排列（竖排）。若要设置文字垂直排列，可以先选中要垂直排列的文字，然后单击"页面布局"选项卡的"页面设置"选项组中"文字方向"按钮，在下拉菜单中选择"垂直"即可，如图 3-4-22 所示。

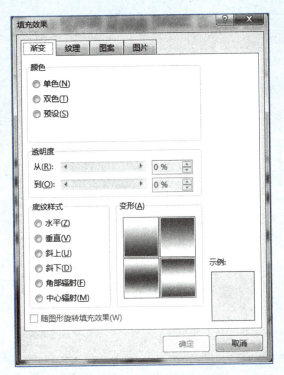

图 3-4-21 设置填充效果

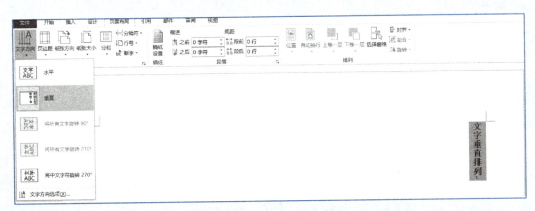

图 3-4-22 设置文字垂直排列

5. 稿纸功能：稿纸功能用于生成空白的稿纸样式文档，或将稿纸网格应用于 Word 文档中的现有文档。通过"稿纸设置"对话框，可以随时根据需要轻松设置稿纸属性，也可方便地删除稿纸设置。单击"页面布局"选项卡的"稿纸"选项组中"稿纸设置"按钮，调出"稿纸设置"对话框，可以对网格"格式""行数 × 列数""网格颜色""纸张大小"等选项根据实际需要进行设置，如图 3-4-23 所示。

6. 对 Word 文档的页面设置需要根据实际打印需求来进行，只要同学们能够多应用、多练习，就能够熟练掌握文档的页面设置。

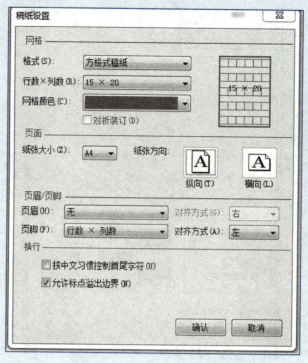

图 3-4-23 "稿纸设置"对话框

实战提高

1. 王先生有两个商铺需要出租，请帮忙设计一份招租启事，效果如图 3-4-24 所示。

2. 姜经理欲招聘前台文员和导游两名工作人员，请帮忙设计招聘启事，效果如图 3-4-25 所示。

图 3-4-24 房屋出租效果

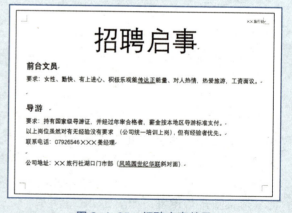

图 3-4-25 招聘启事效果

项目 4　Word 2013 表格制作

Word 2013 是 Office 套件中的一个重要组件，它是一种文字处理软件，既可以进行文字的录入、修改和排版，又可以处理图形和表格等。Word 2013 除具备以往版本的所有功能以外，还提供了一系列新增和改进的工具，使用户能像设计专家一样制作各种表格，并突出重要的内容。

在日常办公应用中，使用 Word 2013 绘制表格是十分常见的操作。使用 Word 2013 进行表格制作时，首先应学会在文本中创建表格的操作方法。表格主要是由行和列组成，横向的称为行，纵向的称为列。行与列组成的方格称为单元格。用 Word 制作出来的表格可以任意调节大小和样式，还可以为单元格填充颜色，使文字更加醒目。

本项目将介绍在 Word 2013 中创建表格的方法以及选择、移动、复制、删除、合并、拆分行和列的具体操作；还将介绍表格样式和属性的设置。

任务 4.1 创建及编辑表格

任务描述

李明通过前面几个项目的学习现在已经能够熟练利用 Word 2013 进行日常的文字处理了，但有时在文档中需要用到表格，而李明对这部分内容不太了解，如何在 Word 2013 中创建表格，并且在表格中输入数据呢？如何根据表格里的内容来对表格进行一些必要的设置呢？接下来李明将认真学习在 Word 2013 中创建表格以及对表格进行选择、移动、复制、删除、合并、拆分的具体操作方法。

任务实施

一、手动创建表格

手动创建表格是通过光标自定义的方式来绘制表格，这种方法可以根据绘制者的需求创建表格，下面介绍手动创建表格的方法。

1. 打开并新建一个空白 Word 2013 文档，选择"插入"选项卡，单击"表格"选项组中的"表格"按钮，在弹出的下拉菜单中选择"绘制表格"，如图4-1-1所示。

2. 光标变成"绘制"图标时，选择绘制表格的起始点，按住鼠标左键进行拖动，拖动到绘制表格的终点时松开鼠标左键，通过以上操作即可完成手动创建表格，如图4-1-2所示。

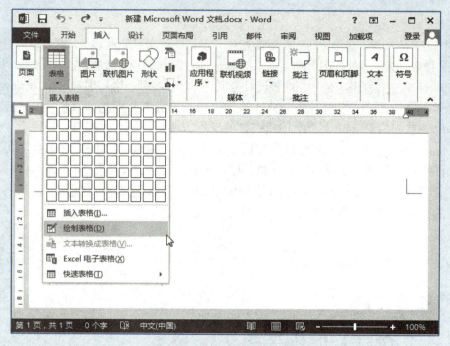

图 4-1-1　选择"绘制表格"

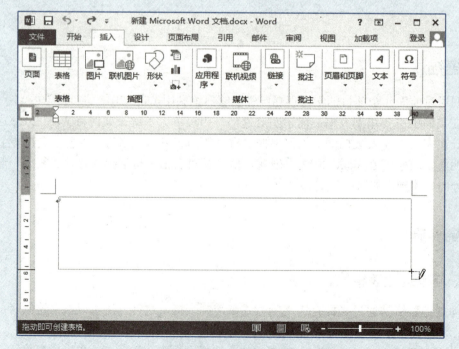

图 4-1-2　手动绘制表格

二、自动创建表格

自动创建表格的方法有两种：一种方法是通过"表格"选项组中提供的"虚拟表格"来快速创建表格；另一种方法是通过"插入表格"的方式来创建表格。

方法 1：

1. 新建一个空白文档，单击"插入"选项卡，单击"表格"选项组中的"表格"按钮，在"虚拟表格"区域中选中准备绘制表格的列数和行数，例如 10×8，如图 4-1-3 所示。

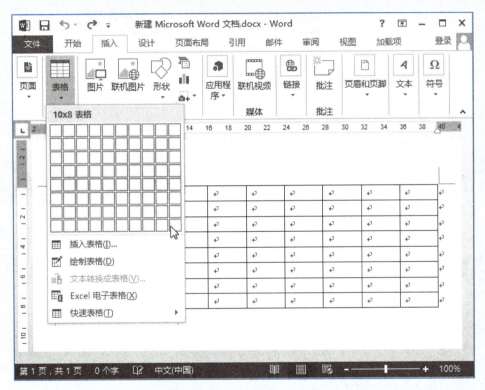

图 4-1-3　"虚拟表格"选择

2. 通过以上操作步骤即可使用"虚拟表格"绘制表格，最终效果如图 4-1-4 所示。

方法 2：

1. 新建一个空白文档，单击"插入"选项卡，单击"表格"选项组中"表格"按钮，在弹出的菜单中选择"插入表格"，如图 4-1-5 所示。

2. 弹出"插入表格"对话框，在"表格尺寸"区域中调节"列数"和"行数"微调框，例如 5×2，单击"确定"按钮，如图 4-1-6 所示。

3. 通过以上操作步骤即可使用"插入表格"对话框创建 5×2 表格，如图 4-1-7 所示。

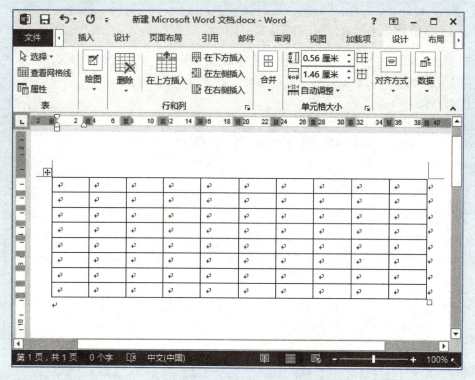

图 4-1-4　10×8 表格效果

图 4-1-5　选择"插入表格"

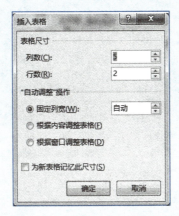

图 4-1-6　"插入表格"对话框

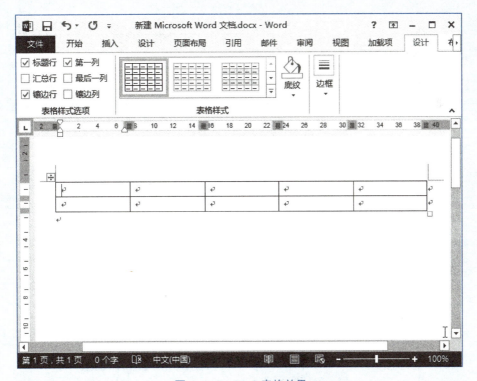

图 4-1-7　5×2 表格效果

三、选择和移动表格

当我们要对 Word 表格中的内容进行编辑时，首先需要选中表格中的内容。在这里我们介绍 6 种选择单元格的方法，分别是选择一个单元格、选择一行单元格、选择一列单元格、选择多个连续单元格、选择多个不连续单元格和选中整个表格。

方法1（选择一个单元格）：

1. 打开素材文件"素材4-1-1.docx"，将光标移动到需要选中的表格单元格内部的左侧，当光标变成黑色右向上箭头形状时，单击鼠标左键，如图4-1-8所示。

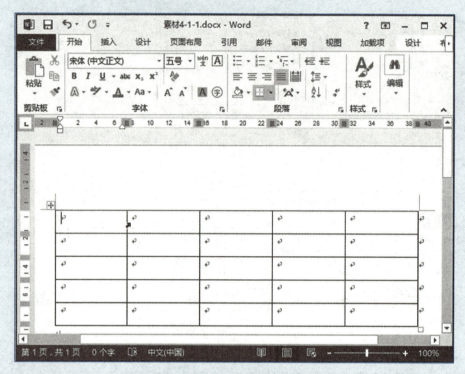

图 4-1-8　选择一个单元格光标形状

2. 通过以上操作步骤就可以选择一个单元格，如图4-1-9所示。

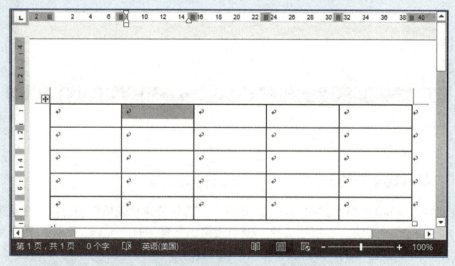

图 4-1-9　选择一个单元格效果

方法 2（选择一行单元格）：

1. 将光标移动到需要选中的一行单元格外部的左侧，当光标变成白色右向上箭头形状时，单击鼠标左键，如图 4-1-10 所示。

图 4-1-10　选择一行单元格光标形状

2. 通过以上操作步骤可以选择一行单元格，如图 4-1-11 所示。

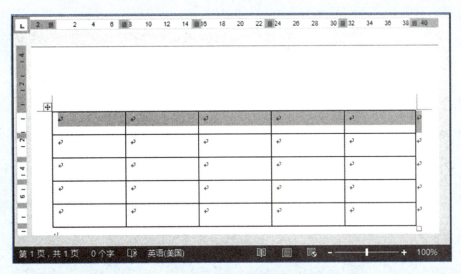

图 4-1-11　选择一行单元格效果

方法3（选择一列单元格）：

1. 将光标移动到需要选中的一列单元格的最上方，当光标变成黑色向下箭头形状时，单击鼠标左键，如图4-1-12所示。

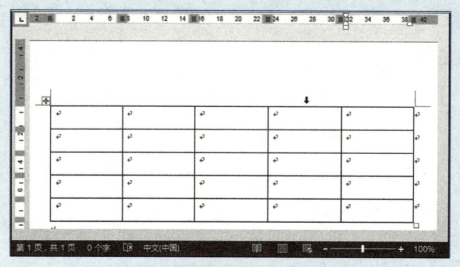

图 4-1-12　选择一列单元格光标形状

2. 通过以上操作步骤可以选择一列单元格，如图4-1-13所示。

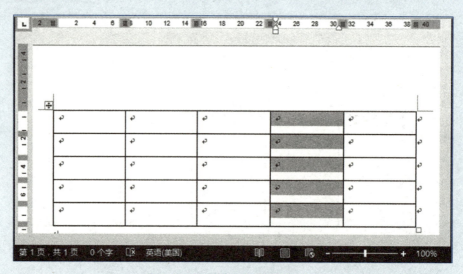

图 4-1-13　选择一列单元格效果

方法 4（选择多个连续单元格）：

1. 首先选中一个起始单元格，如图 4-1-14 所示，然后按住 Shift 键，在准备终止的单元格内单击鼠标左键。

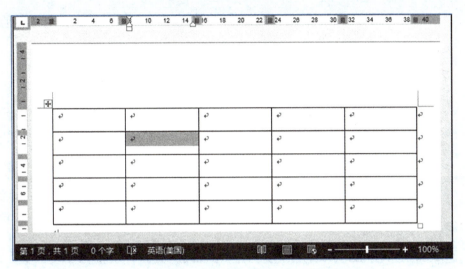

图 4-1-14　选择一个单元格效果

2. 通过以上操作步骤可以选择多个连续单元格，如图 4-1-15 所示。

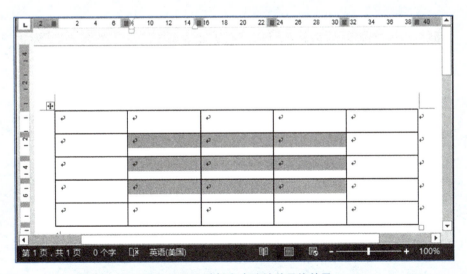

图 4-1-15　选择多个连续单元格效果

方法5（选择多个不连续单元格）：

1. 首先选中一个单元格，如图4-1-16所示，然后按住Ctrl键，在其他要选择的单元格内部左侧单击鼠标左键。

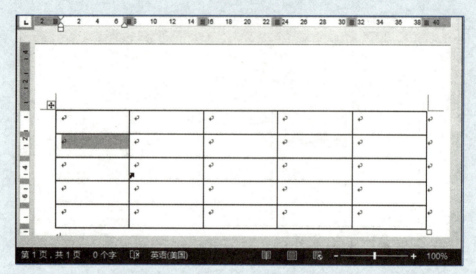

图 4-1-16　选择多个不连续单元格光标形状

2. 通过以上操作步骤可以选择多个不连续单元格，如图4-1-17所示。

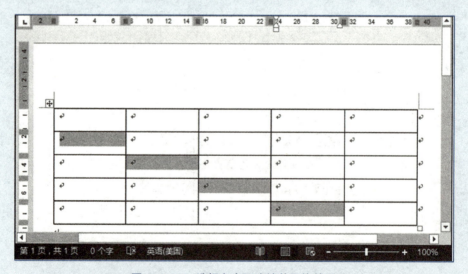

图 4-1-17　选择多个不连续单元格效果

方法 6（选择整个表格）：

1. 将光标移动到准备选择的整个表格的左上角十字花方框图标上，当光标变成十字花形状后，单击鼠标左键，如图 4-1-18 所示。

图 4-1-18　选择整个表格的光标形状

2. 通过以上操作步骤可以选择整个表格的单元格，如图 4-1-19 所示。

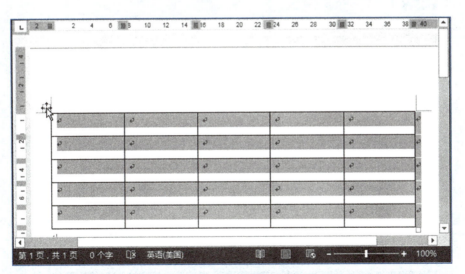

图 4-1-19　选择整个表格的效果

移动表格的方法如下：

1. 选择整个表格后不要松开鼠标左键，此时移动光标可以拖动整个表格的移动，把整个表格移动到合适的位置后松开鼠标左键，如图4-1-20所示。

2. 通过以上操作步骤可以移动表格，如图4-1-21所示。

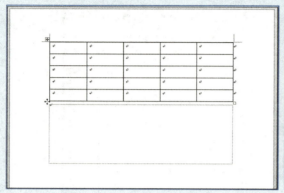

图4-1-20　移动整个表格

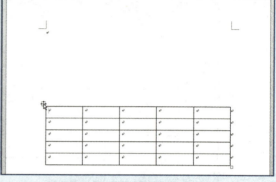

图4-1-21　移动表格效果

小提示

用户在表格编辑的状态下，单击"布局"选项卡，单击"选择"按钮，在下拉菜单中有"选择单元格""选择列""选择行""选择表格"四种选项，选择对应选项可以快速选择光标所在位置的单元格、单元格的行或列，以及选择整个表格，如图4-1-22所示。

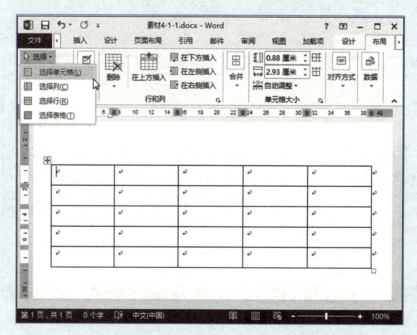

图4-1-22　"布局"选项卡"选择"下拉菜单

四、插入表格行、列和单元格

1. 打开素材文件"素材 4-1-2.docx",将光标移动至第 1 行第 1 列单元格的位置上,单击"布局"选项卡,单击"行和列"选项组对话框启动器按钮,如图 4-1-23 所示。

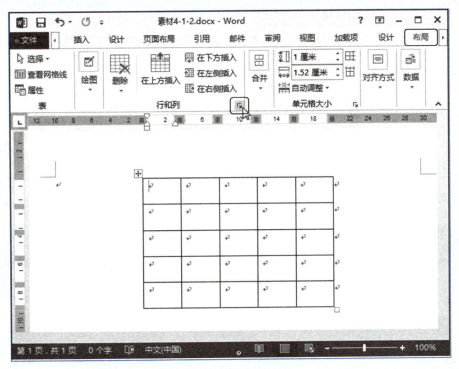

图 4-1-23　"行和列"选项组对话框启动器按钮

2. 弹出"插入单元格"对话框,选中准备插入单元格位置的选项,如选择"活动单元格右移"单选按钮,单击"确定"按钮,如图 4-1-24 所示。

3. 通过以上步骤可以在光标单元格右侧插入一个单元格,如图 4-1-25 所示。

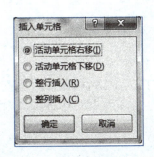

图 4-1-24　"插入单元格"对话框

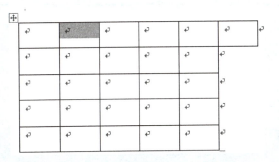

图 4-1-25　光标单元格右侧插入一个单元格效果

4. 将光标移动至需要插入整行单元格的左下角外侧顶端，此时光标会变成带圆圈的加号图标，然后左键单击加号图标，可以在表格中插入一行单元格，如图 4-1-26 所示。

5. 将光标移动至需要插入整列单元格的右上角外侧顶端，此时光标会变成带圆圈的加号图标，然后左键单击加号图标，可以在表格中插入一列单元格，如图 4-1-27 所示。

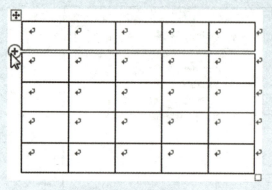
图 4-1-26 整行插入

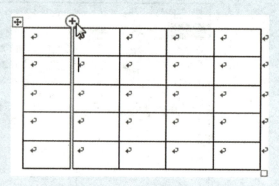
图 4-1-27 整列插入

小提示

　　添加整行单元格时，鼠标单击加号图标几次就可以添加几行单元格。另外，在"布局"选项卡的"行和列"选项组中，使用"在上方插入""在下方插入""在左侧插入"和"在右侧插入"按钮，同样可以在用户需要的位置插入行和列，如图 4-1-28 所示。

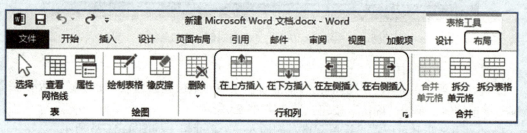
图 4-1-28 "布局"选项卡的"行和列"选项组

五、删除表格行、列和单元格

1. 打开素材文件"素材 4-1-2.docx"，将光标移动至第 1 行第 2 列单元格的位置上，单击"布局"选项卡，单击"行和列"选项组中"删除"按钮，在下拉菜单中选择"删除单元格"，如图 4-1-29 所示。

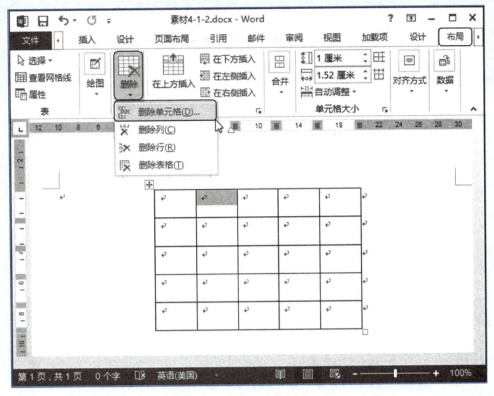

图 4-1-29　选择"删除单元格"

2. 弹出"删除单元格"对话框，选择"右侧单元格左移"单选按钮，单击"确定"按钮，如图 4-1-30 所示。

3. 通过以上步骤可以删除光标所在位置第 1 行第 2 列的一个单元格，如图 4-1-31 所示。

图 4-1-30　"删除单元格"对话框　　　　图 4-1-31　删除光标所在位置单元格效果

4. 将光标移动至第2行第1列单元格的位置上，单击"布局"选项卡，单击"行和列"选项组中"删除"按钮，在下拉菜单中选择"删除行"，如图4-1-32所示。

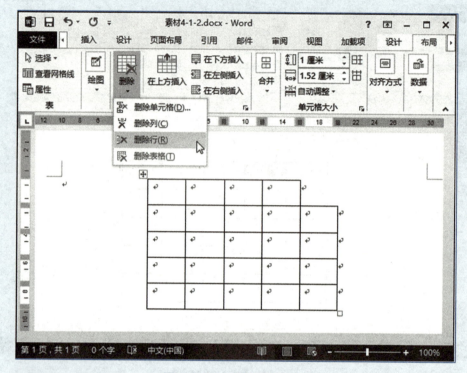

图 4-1-32　选择"删除行"

5. 通过以上步骤可以删除光标所在行的整行单元格，如图4-1-33所示。

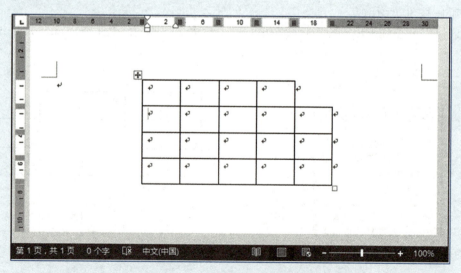

图 4-1-33　删除整行单元格效果

6. 将光标移动至第 1 行第 3 列单元格的位置上，单击"布局"选项卡，单击"行和列"选项组中"删除"按钮，在下拉菜单中选择"删除列"，如图 4-1-34 所示。

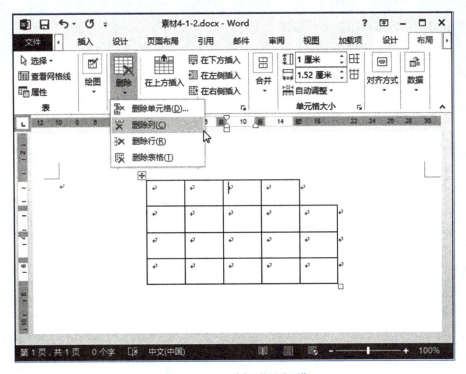

图 4-1-34　选择"删除列"

7. 通过以上步骤可以删除光标所在列的整列单元格，如图 4-1-35 所示。

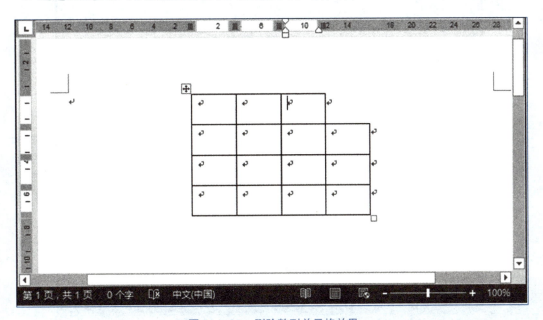

图 4-1-35　删除整列单元格效果

六、单元格的合并与拆分

合并单元格是将两个或两个以上的连续单元格整合成一个单元格，而拆分单元格是将一个单元格分解成两个或两个以上的连续单元格。

1. 打开素材文件"素材4-1-2.docx"，选择第2行第2、3列单元格，单击"布局"选项卡中"合并"按钮，在"合并"下拉菜单中单击"合并单元格"按钮，如图4-1-36所示。

2. 通过以上步骤可以合并第2行第2、3列单元格，如图4-1-37所示。

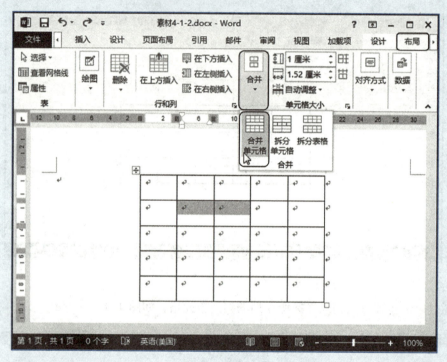

图 4-1-36　单击"合并"按钮

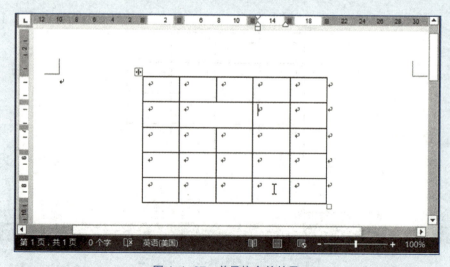

图 4-1-37　单元格合并效果

3. 将光标移到第 1 行第 2 列单元格，单击"布局"选项卡中"合并"按钮，在"合并"下拉菜单中单击"拆分单元格"按钮，如图 4-1-38 所示。

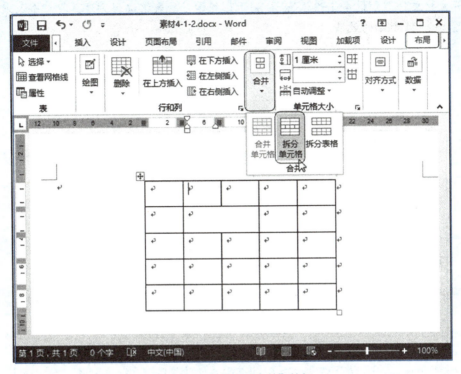

图 4-1-38　单击"合并"按钮

4. 弹出"拆分单元格"对话框，在"列数"和"行数"微调框中输入要拆分的数值，例如 2 列 1 行，单击"确定"按钮，如图 4-1-39 所示。

5. 通过以上步骤可以把光标所在位置的单元格拆分成 2 列，如图 4-1-40 所示。

图 4-1-39　"拆分单元格"对话框

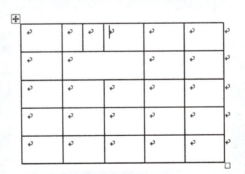

图 4-1-40　单元格拆分 2 列效果

实战提高

打开素材文件"素材 4-1-3.docx"，利用已经学习的表格编辑方法，把"个人求职简历"做成如图 4-1-41 所示的效果。

个人求职简历

姓名	宋阳	性别	男	出生年月	2000 年 6 月	照片
民族	汉	籍贯	云南玉溪	政治面貌	团员	
学制	三年	学历	职高	毕业时间	2019 年 7 月	
毕业学校	云南玉溪二职中			专业	网络技术	
联系电话	1572415××××			E-mail	2389××××@qq.com	
家庭住址	云南省玉溪市红塔区聂耳东路 7 号					
应聘岗位	网站管理、网络服务、网络营销					
教育背景	起止日期			学校	专业	
	2007 年 9 月—2013 年 7 月			实验小学		
	2013 年 9 月—2016 年 7 月			新化一中		
	2016 年 9 月—2019 年 7 月			玉溪二职中	网络技术	
技能特长	具备网络理论知识，精通 TCP/IP 协议、七层网络模型，熟悉各主流路由器、交换机等常用网络设备的配置和部署，熟悉各种互联网业务，具备中等规模网络的规划能力					
奖励情况	2017 年 9 月被学校评为"三好学生""优秀班干"；2018 年 6 月全国职业院校中职组国赛三等奖；2018 年 12 月学校冬季运动会男子跳高第一名					
自我评价						
本人具有良好的学习能力、网页编程能力，热衷于 DW 网页前端，喜欢研究编程思想；沟通能力强，善于团队协作完成共同的任务；抗压能力强，有较强的责任心，喜欢挑战，不断地提高完善自我；勤奋刻苦，喜欢钻研，热爱软件行业						

图 4-1-41　个人求职简历效果图

任务 4.2 设置表格格式

任务描述

宋阳马上要大学毕业了，为了能让更多的招聘者认识自己，从而获得面试的机会，他利用 Word 表格制作了一份《个人求职简历》，为使这份简历更加美观大方，他需要对这份简历的文本及表格的行高和列宽、边框和底纹及表格的样式等进行设置。

任务实施

创建好表格并在单元格中输入数据资料后，为使表格更加美观，通常还需要对其进行一定的修饰操作，如设置表格的边框、套用样式等。

一、设置表格文本格式

可以使用 Word 文本段落格式的设置方法设置表格中文本段落的格式。

1. 设置标题文本格式

（1）启动 Word 2013，打开素材文件"个人求职简历 .docx"。

（2）选取标题文本"个人求职简历"，单击"开始"选项卡，在"字体"选项组中设置字体为"黑体"，字号为"小一"；在"段落"选项组中设置对齐方式为"居中"，如图 4-2-1 所示。

个人求职简历

姓名	宋阳	性别	男	出生年月	1997年6月
民族	汉族	籍贯	云南玉溪	政治面貌	团员
学制	四年	学历	大学本科	毕业时间	2019年7月
毕业学校	西南大学		专业	网络技术	

图 4-2-1 设置标题文本格式

2. 设置单元格文本格式

（1）用鼠标选取第 1 个单元格"姓名"，按住 Ctrl 键不放，再分别选取"民族""学制"等单元格，如图 4-2-2 所示。

（2）在"开始"选项卡"字体"选项组中设置文本字体为"宋体"，字号为"四号"，效果如图 4-2-3 所示。

（3）使用相同方式，设置其他单元格文本字体为"楷体"，字号为"四号"，效果如图 4-2-4 所示。

姓名	宋阳	性别	男	出生年月	1997 年 6 月	
民族	汉族	籍贯	云南玉溪	政治面貌	团员	
学制	四年	学历	大学本科	毕业时间	2019 年 7 月	
毕业学校	西南大学		专业	网络技术		
联系电话	1572415××××		E-mail	2389××××@qq.com		
家庭住址	云南玉溪市红塔区聂耳路 7 号					
应聘岗位	网站的管理、网络服务、网络营销					
教育背景	起止日期			学校		专业
	2009 年 9 月—2012 年 7 月			新化一中		
	2012 年 9 月—2015 年 7 月			新化一中		
	2015 年 9 月—2019 年 7 月			西南大学		网络技术
技能特长	具备网络理论知识，精通 TCP/IP 协议、七层网络模型，熟悉各主流路由器、交换机等常用网络设备的配置和部署，熟悉各种互联网业务，具备中等规模网络的规划能力					
奖励情况	2017 年 9 月被学校评为“三好学生”“优秀班干”； 2018 年 6 月全国大学生网络技能大赛三等奖； 2018 年 12 月学校冬季运动会男子跳高第一名					
自我评价						
本人具有良好的学习能力、网页编程能力，热衷于 DW 网页前端，喜欢研究编程思想；沟通能力强，善于团队协作完成共同的任务；抗压能力强，有较强的责任心，喜欢挑战，不断地提高完善自我；勤奋刻苦，喜欢钻研，热爱软件行业						

图 4-2-2　选取单元格文本

姓名	宋阳	性别	男	出生年月	1997 年 6 月	
民族	汉族	籍贯	云南玉溪	政治面貌	团员	
学制	四年	学历	大学本科	毕业时间	2019 年 7 月	
毕业学校	西南大学		专业	网络技术		
联系电话	1572415××××		E-mail	2389××××@qq.com		

图 4-2-3　设置单元格文本字体效果

姓名	宋阳	性别	男	出生年月	1997 年 6 月	
民族	汉族	籍贯	云南玉溪	政治面貌	团员	
学制	四年	学历	大学本科	毕业时间	2019 年 7 月	
毕业学校	西南大学		专业	网络技术		

图 4-2-4　设置其他单元格文本字体效果

3. 设置单元格文本对齐方式

单元格文本对齐方式有"靠上两端对齐""靠上居中对齐""靠上右对齐""中部两端对齐""水平居中""中部右对齐""靠下两端对齐""靠下居中对齐"和"靠下右对齐"九种。

（1）选中整个表格，打开"表格工具"中的"布局"选项卡，在"对齐方式"选项组中单击"水平居中"按钮，如图 4-2-5 所示，设置文本水平居中对齐，效果如图 4-2-6 所示。

图 4-2-5　"对齐方式"选项组

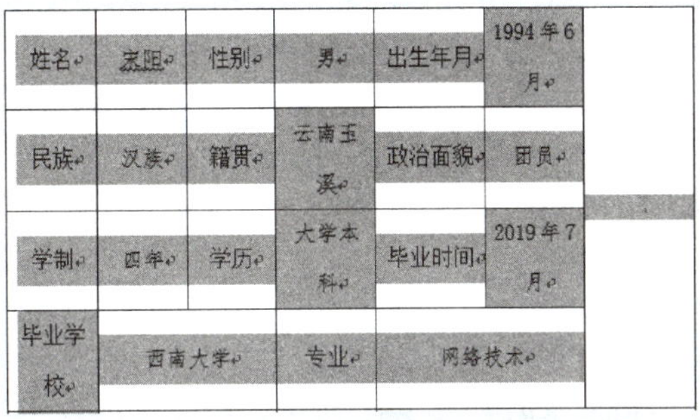

图 4-2-6　设置单元格文本居中对齐效果

（2）选中"教育背景""技能特长""奖励情况"3 个单元格，单击鼠标右键，在弹出的快捷菜单中选择"文字方向"命令，打开"文字方向 - 表格单元格"对话框，如图 4-2-7 所示，选择垂直排列第二种方式，单击"确定"按钮，文本以竖直形式显示在单元格中，效果如图 4-2-8 所示。

图 4-2-7　"文字方向 - 表格单元格"对话框

图 4-2-8　竖排文本效果

（3）依次选取"教育背景""技能特长""奖励情况"3 个单元格，打开"开始"选项卡，单击"字体"选项组对话框启动器按钮，打开"字体"对话框，选择"高级"选项卡，在

"间距"下拉列表框中选择"加宽"，在"磅值"微调框中输入"1磅"，如图4-2-9所示，单击"确定"按钮，将竖排文本的间距加宽，效果如图4-2-10所示。

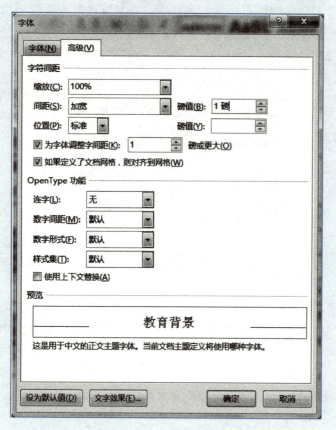

图 4-2-9 "字体"对话框

图 4-2-10 文本间距设置效果

4. 调整单元格中段落的间距

同时选中文本内容较多的3个单元格，打开"开始"选项卡，单击"段落"选项组对话框启动器按钮 ，打开"段落"对话框，选择"缩进和间距"选项卡，在"对齐方式"下拉列表框中选择"左对齐"，在"行距"下拉列表框中选择"固定值"，在"设置值"微调框中输入"27磅"，如图4-2-11所示，单击"确定"按钮，为单元格中的段落文本设置对齐方式和行间距，效果如图4-2-12所示。再选中整个表格，单击鼠标右键，在打开的快捷菜单中选择"表格属性"命令，打开"表格属性"对话框，单击"表格"选项卡，在"对齐方式"区域中选择"居中" ，使整个表格在页面中居中对齐。

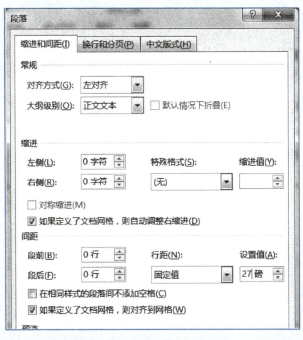

图 4-2-11　"段落"对话框

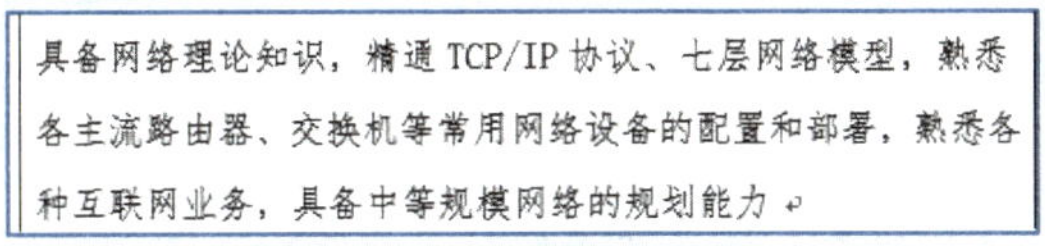

具备网络理论知识，精通 TCP/IP 协议、七层网络模型，熟悉各主流路由器、交换机等常用网络设备的配置和部署，熟悉各种互联网业务，具备中等规模网络的规划能力。

图 4-2-12　设置表格中的段落

二、设置行高和列宽

在创建表格时，表格的行高和列宽都是默认值，由于在各单元格中输入的内容不同，所以在大多数情况下都需要对表格的行高和列宽进行调整，使其符合要求。

1. 使用鼠标拖动调整表格大小

使用拖动鼠标的方法可以调整表格的行高和列宽。在调整时可以先按住 Alt 键不放，然后再使用鼠标进行拖动，精确地调整表格的大小，调整完毕后，要先松开鼠标，再松开 Alt 键。

（1）先将鼠标光标对准表格右边框线的位置，待鼠标光标变成双向箭头 ╢ 时按住鼠标左键不放，拖动边线到想要调整位置后松开鼠标，整个表格的列宽会发生改变，如图 4-2-13 所示。

图 4-2-13　使用鼠标拖动调整列宽

（2）使用相同的方式，依次将鼠标光标对准所需要调整列的边框线，先按住 Alt 键不放再按住鼠标左键不放，拖动鼠标精确地调整其他列的宽度，调整后效果如图 4-2-14 所示。

个人求职简历

姓名	东阳	性别	男	出生年月	1997 年 6 月
民族	汉族	籍贯	云南玉溪	政治面貌	团员
学制	四年	学历	大学本科	毕业时间	2019 年 7 月
毕业学校	西南大学	专业	网络技术		

图 4-2-14　调整列宽后的效果

2. 使用鼠标拖动调整单元格大小

依次选中"毕业学校""联系电话""家庭住址""应聘岗位"4 个单元格，将鼠标光标对准选中单元格右边框线的位置，待鼠标光标变成双向箭头 ◀┃▶ 时按住鼠标左键不放，拖动边线到想要调整位置后松开鼠标，可以单独调整这 4 个单元格的大小，调整后效果如图 4-2-15 所示。

毕业学校	西南大学	专业	网络技术
联系电话	1572415××××	E-mail	2389××××@qq.com
家庭住址	云南玉溪市红塔区聂耳路 7 号		
应聘岗位	网站的管理、网络服务、网络营销		

图 4-2-15　调整单元格大小的效果

三、平均分布行和列

在 Word 表格中，用户可以根据实际需要在表格总尺寸不改变的情况下，平均分布所有行或列的尺寸，使表格外观更加整齐统一。

（1）选中从"起止日期"至"网络技术"这一区域的单元格，打开"表格工具"中的"布局"选项卡，在"单元格大小"选项组中单击"分布行"按钮 ⊞分布行，如图 4-2-16 所示，使选取的各行高度相等。

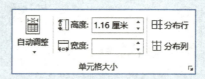

图 4-2-16　"单元格大小"选项组

（2）单击"单元格大小"选项组对话框启动器按钮 🔲，打开"表格属性"对话框，选择"行"选项卡，在"指定高度"微调框中输入"0.9 厘米"，在"行高值是"下拉列表框中选择"固定值"选项，如图 4-2-17 所示，单击"确定"按钮，精确调整行的高度，调整后效果如图 4-2-18 所示。

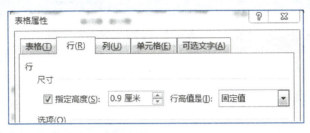

图 4-2-17 "表格属性"对话框

	起止日期	学校	专业
教育背景	2009 年 9 月—2012 年 7 月	新化一中	
	2012 年 9 月—2015 年 7 月	新化一中	
	2015 年 9 月—2019 年 7 月	西南大学	网络技术

图 4-2-18 调整行高后的效果

四、设置边框和底纹

在 Word 中，插入的表格一般默认为黑色边框、白色底纹。为了让表格更加美观，需要对其设置边框和底纹。

1. 设置表格边框

Word 中表格的边框包括整个表格的外边框和表格内部各单元格的边框，用户可以根据需要对这些边框进行样式、宽度、颜色和边框显示位置等属性设置。

选中整张表格，打开"表格工具"中的"设计"选项卡，单击"边框"选项组对话框启动器按钮 🔲，打开"边框和底纹"对话框的"边框"选项卡，在"设置"选项区域中选择"自定义"选项；在"样式"下拉列表框中选择表格边框线条样式为"双线型"，在"颜色"下拉列表框中选择表格边框线条颜色为"深蓝色"，在"宽度"下拉列表框中选择表格边框线条宽度为"0.25 磅"；在"预览"选项区域中直接单击表格的外边框，如图 4-2-19 所示，单击"确定"按钮，为表格设置深蓝色的双线型外边框，效果如图 4-2-20 所示。

2. 设置底纹

用鼠标选取第 1 个单元格"姓名"，按住 Ctrl 键不放，再分别选取"民族""学制"等单元格，打开"表格工具"中的"设计"选项卡，单击"边框"选项组对话框启动器按钮 🔲，打开"边框和底纹"对话框的"底纹"选项卡，在"填充"下拉列表框中选择表格底纹颜色为"蓝色，着色 1，淡色 80%"色块，如图 4-2-21 所示，单击"确定"按钮，为单元格设置浅蓝色底纹；使用相同的方式为其他单元格设置底纹颜色后，效果如图 4-2-22 所示。

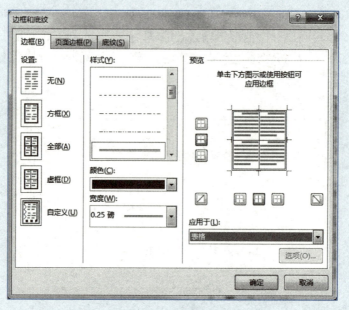

图 4-2-19 "边框"设置

个人求职简历

姓名、	宋阳、	性别、	男、	出生年月、	1997 年 6 月、
民族、	汉族、	籍贯、	云南玉溪、	政治面貌、	团员、
学制、	四年、	学历、	大学本科、	毕业时间、	2019 年 7 月、
毕业学校、	西南大学、	专业、		网络技术、	
联系电话、	1572415××××、	E-mail、		2389××××@qq.com、	

图 4-2-20 边框设置后的效果

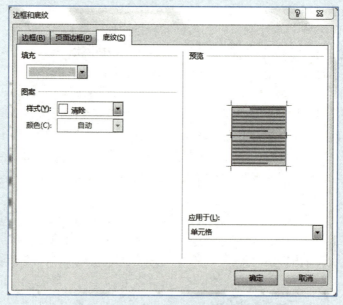

图 4-2-21 "底纹"设置

姓名	宋阳	性别	男	出生年月	1997 年 6 月	
民族	汉族	籍贯	云南玉溪	政治面貌	团员	
学制	四年	学历	大学本科	毕业时间	2019 年 7 月	
毕业学校	西南大学	专业	网络技术			
联系电话	1572415××××	E-mail	2389××××@qq.com			
家庭住址	云南玉溪市红塔区聂耳路 7 号					
应聘岗位	网站的管理、网络服务、网络营销					
	起止日期		学校		专业	

图 4-2-22　"底纹"设置后的效果

整个表格设置完成，单击"保存"按钮保存文件，最终效果如图 4-2-23 所示。

个人求职简历

姓名	宋阳	性别	男	出生年月	1997 年 6 月	
民族	汉族	籍贯	云南玉溪	政治面貌	团员	
学制	四年	学历	大学本科	毕业时间	2019 年 7 月	
毕业学校	西南大学	专业	网络技术			
联系电话	1572415××××	E-mail	2389××××@qq.com			
家庭住址	云南玉溪市红塔区聂耳路 7 号					
应聘岗位	网站的管理、网络服务、网络营销					
教育背景	起止日期		学校		专业	
	2009 年 9 月—2012 年 7 月		新化一中			
	2012 年 9 月—2015 年 7 月		新化一中			
	2015 年 9 月—2019 年 7 月		西南大学		网络技术	
技能特长	具备网络理论知识，精通 TCP/IP 协议、七层网络模型，熟悉各主流路由器、交换机等常用网络设备的配置和部署，熟悉各种互联网业务，具备中等规模网络的规划能力					
奖励情况	2017 年 9 月被学校评为"三好学生""优秀班干"； 2018 年 6 月全国大学生网络技能大赛三等奖； 2018 年 12 月学校冬季运动会男子跳高第一名					
自我评价						
本人具有良好的学习能力、网页编程能力，热衷于 DW 网页前端，喜欢研究编程思想；沟通能力强，善于团队协作完成共同的任务；抗压能力强，有较强的责任心，喜欢挑战，不断地提高完善自我；勤奋刻苦，喜欢钻研，热爱软件行业						

图 4-2-23　表格设置后的最终效果

知识拓展

套用表格样式

可以利用 Word 中自带的表格样式，为表格设置字体、边框线、底纹等格式，以提高工作效率。

（1）启动 Word 2013，打开素材文件"个人求职简历（套用表格样式）.docx"文档。

（2）将插入点定位在表格中，打开"表格工具"中的"设计"选项卡，单击"表格样式"选项组中"其他"按钮 ，在弹出的下拉列表中选择外观样式"网格表6彩色－着色5"，如图 4-2-24 所示，即可为表格套用该样式，效果如图 4-2-25 所示。

（3）单击"表格样式"选项组中"其他"按钮，在弹出的下拉列表中选择"修改表格样式"命令，打开"修改样式"对话框，在"字体颜色"下拉列表框中选择"黑色"，如图 4-2-26 所示，即可将表格中字体修改为黑色，效果如图 4-2-27 所示。

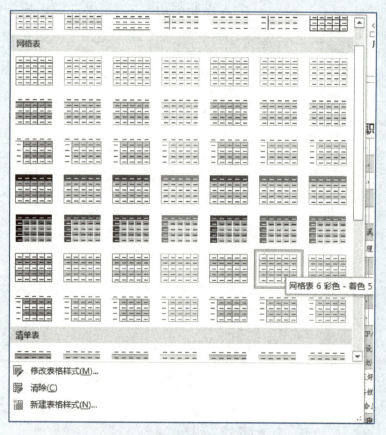

图 4-2-24　表格内置样式

个人求职简历

姓名	宋阳	性别	男	出生年月	1997 年 6 月	
民族	汉族	籍贯	云南玉溪	政治面貌	团员	
学制	四年	学历	大学本科	毕业时间	2019 年 7 月	
毕业学校	西南大学		专业	网络技术		
联系电话	1572415××××		E-mail	2389××××@qq.com		
家庭住址	云南玉溪市红塔区发耳路 7 号					
应聘岗位	网站的管理、网络服务、网络营销					
教育背景	起止日期		学校		专业	
	2009 年 9 月—2012 年 7 月		新化一中			
	2012 年 9 月—2015 年 7 月		新化一中			
	2015 年 9 月—2019 年 7 月		西南大学		网络技术	

图 4-2-25　套用表格内置样式后的效果

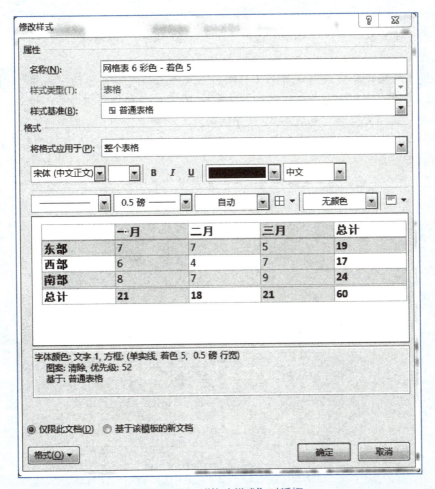

图 4-2-26　"修改样式"对话框

图 4-2-27　修改套用格式后的效果

实战提高

一、为素材文件"课程表.docx"设置格式，要求如下：

1. 设置标题文本格式：字体为"黑体"，字号为"小一"，"居中"对齐；设置整个表格"居中"对齐。

2. 设置单元格文本格式：设置第1行和第1列单元格文本字体为"黑体"，字号为"二号"；其他文本字体为"楷体"，字号为"二号"，所有文本水平居中对齐；设置"上午""下午"2个单元格文字方向为"竖直形式"，字间距为"3磅"。

3. 调整单元格大小：设置整个表格的宽度为"25厘米"；接着适当调整各列的宽度，并平分第3~8列。

4. 设置边框和底纹：设置表格外边框线条样式为"单线型"，线条颜色为"标准　蓝色"，线条宽度为"2.25磅"；内框线条样式为"单线型"，线条颜色为"标准　蓝色"，线条宽度为"0.25磅"；设置第1行第6行和第1列第2列单元格表格底纹颜色为"蓝色，着色1，淡色80%"。

5. 最后效果如图4-2-28所示。

图 4-2-28　"课程表"效果图

二、为素材文件“课程表（套用表格样式）.docx”，设置套用表格样式为“网格表 5 深色 – 着色 6”，效果如图 4-2-29 所示。

课程表

		星期一	星期二	星期三	星期四	星期五	星期一
上午	1	语文	数学	物理	化学	数学	物理
	2	数学	语文	英语	政治	语文	英语
	3	物理	化学	数学	语文	化学	数学
	4	数学	英语	语文	数学	英语	语文
下午	5	英语	品德	化学	生物	品德	化学
	6	化学	物理	政治	物理	政治	政治
	7	体育	音乐	美术	自习	音乐	

图 4-2-29　“课程表”套用样式效果图

项目 5　Word 2013 打印输出

　　打印输出在文件处理中具有重要作用，它可以将计算机连接打印机，并按照用户的要求输出到纸上，形成了可以长期保存和阅读的纸质资料。在 Word 文档编辑中，我们经常需要将编辑好的文档进行打印输出，为确保准确无误地输出，一般都需要进行打印预览，以便及时修改文档中出现的问题，避免因版面不符合要求而直接打印造成的纸张浪费，并保证输出质量。在实际应用中，我们根据需求可以用不同打印方式进行输出。

　　在本项目中，我们将一起探索学习 Word 2013 文档打印输出，包括打印预览设置和设置几种特殊的打印方式，例如自定义打印范围、缩放打印、逆序打印、双面打印等。

任务 5.1　打印预览

任务描述

　　计算机应用专业学生李铭暑期到企业的人力资源部实习，他的主要工作是进行资料整理，每次李铭都需要将编辑完成的方案报表打印出来请部门经理签字。在打印过程中，李铭发现有时候打印出来的文档有偏差，又需要重新设置打印，这样也造成了资源浪费。于是打印前李铭需要对文档进行打印预览，预览确认美观无误后再执行打印命令。

任务实施

一、启动 Word 2013，打开编辑完成待打印的文档

双击待打印的 Word 文档，可以在打开文档的同时启动 Word 2013。

二、Word 2013 打印预览步骤

1. 单击"文件"选项卡，如图 5-1-1 所示。

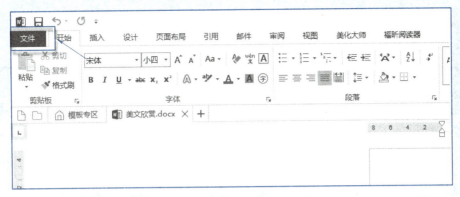

图 5-1-1　单击"文件"选项卡

2. 单击"文件"选项卡后，单击"打印"选项，系统自动显示"信息"视图中的内容，如图 5-1-2 所示。

图 5-1-2　单击"打印"选项

3. Word 2013 的"打印"选项中左边是打印设置，右边是打印预览，如图 5-1-3 所示。

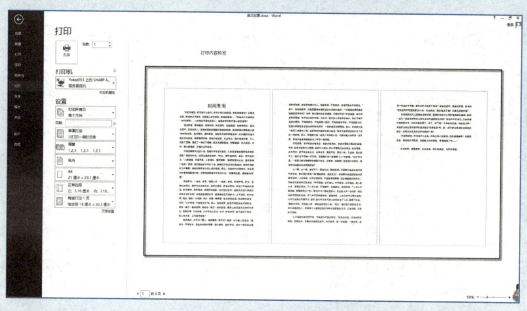

图 5-1-3　查看打印预览

4. 在预览窗格左下角提供了页面跳转按钮，利用它可自由选择要预览的页面，而使用右下角的页面缩放控件，可自由放大或缩小预览的页面，达到预览多页的目的，如图 5-1-4 所示。

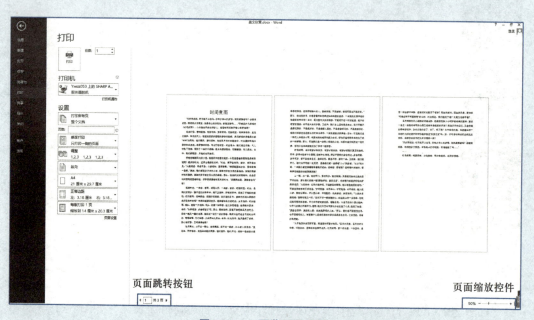

页面跳转按钮　　　　　　　　　　　　　　　　　　　　　页面缩放控件

图 5-1-4　预览页面设置

5. 单击返回按钮，关闭打印预览，如图 5-1-5 所示。

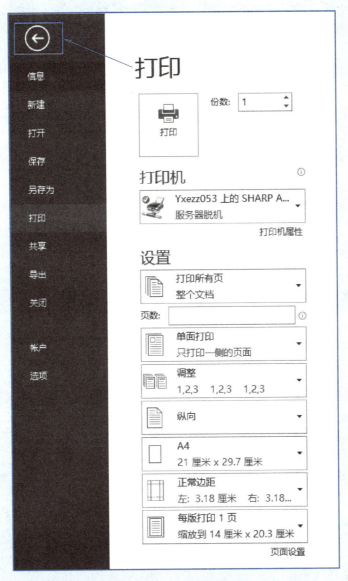

图 5-1-5　关闭打印预览

知识拓展

　　在早期版本的 Office 应用程序中，文档的打印设置和打印预览需要分别进行，比较麻烦。而在新版的 Office 2013 中，引入了功能强大的"后台视图"，让文档的打印和预览"合二为一"，即在进行打印选项设置的同时可同步预览最终打印效果。

实战提高

打开编辑完成的文档，进行打印预览，设置页面缩放为 50%，切换选择要预览的页面，完成后截图保存。

任务 5.2 打印输出

任务描述

李铭已经能够准确无误地将方案报表打印出来交给经理，但工作中，李铭经常遇到多种不同的打印输出方式，例如双面打印或者缩放打印等，当面对这些要求时，李铭又应该如何操作呢？

任务实施

一、启动 Word 2013，打开编辑完成待打印的文档

双击待打印的 Word 文档，可以在打开文档的同时启动 Word 2013。

二、打开 Word 2013 打印参数设置

1. 单击 "文件" 选项卡，单击 "打印" 选项，进入打印选项的设置界面，如图 5-2-1 所示。

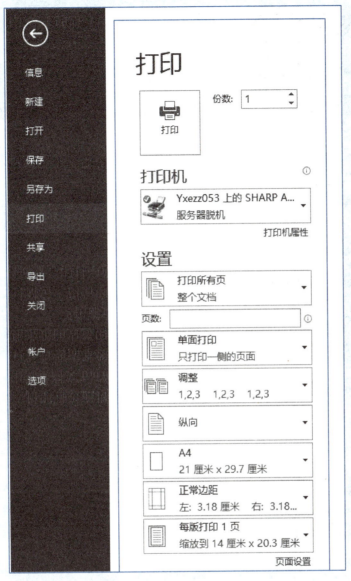

图 5-2-1 打印设置选项

2. 进入打印选项的设置界面后，设置打印机的型号，如图 5-2-2 所示。

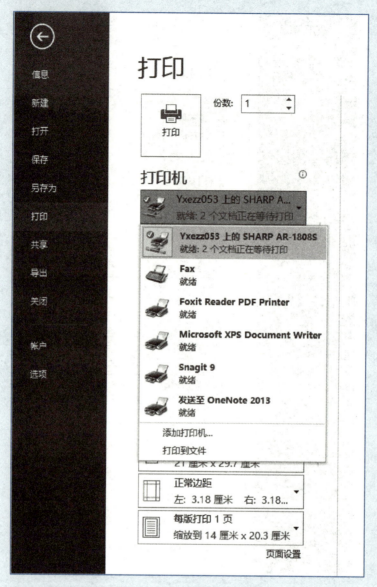

图 5-2-2　设置打印机型号

3. 在"设置"选项区域中打开其下拉菜单可以进行打印范围设置，其中包括"打印所有页""打印所选内容""打印当前页面""自定义打印范围""仅打印奇数页"等，如图 5-2-3 所示。

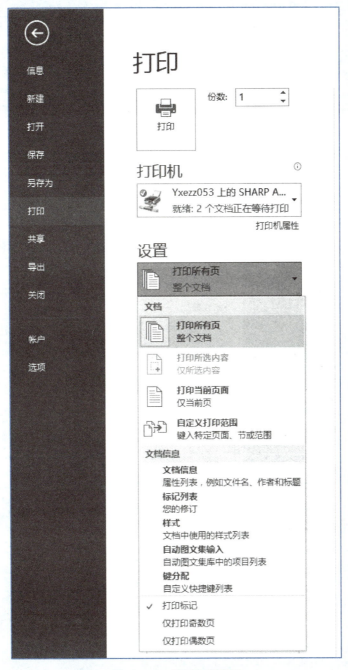

图 5-2-3　设置打印范围

4. 接下来可以设置打印方式，包括单双面打印；设置纸张方向，包括横向或纵向；设置纸张大小，包括 A4、A3 纸等打印参数。

5. 参数设置完成，单击"打印"按钮即可，如图 5-2-4 所示。

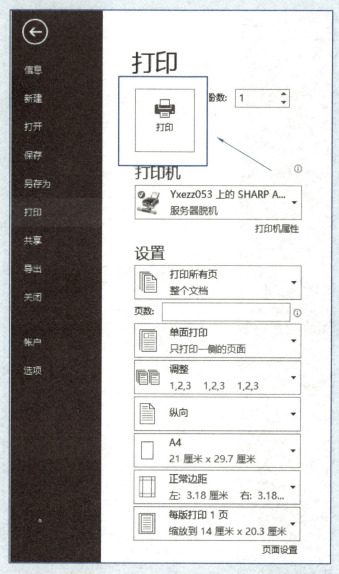

图 5-2-4 打印输出

三、几种特殊的打印输出方式

1. 打印范围

打开 Word 2013，单击"文件"选项卡，单击"打印"选项，进入打印选项的设置界面，在"设置"选项区域中打开其下拉菜单可以看到"打印所有页"。

第一种情况：自定义打印页码（整页）。

> **注意**
>
> 输入页数的基础规则是：如果是连续页，如：2 到 8 页，就编辑为"2-8"；如果是断开的页，如：2 到 8、10、11 页，就编辑为"2-8，10，11"，其中断开的页用逗号隔开，连续的页用横线连接。

单击"自定义打印范围"选项，输入打印页码范围，如图 5-2-5 所示。

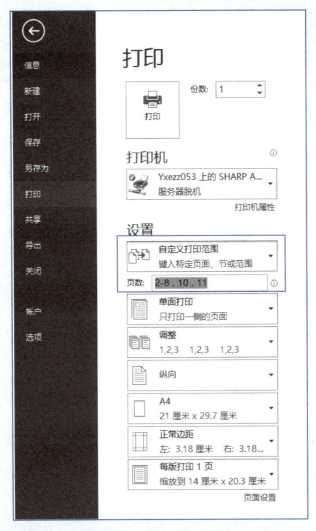

图 5-2-5　自定义打印页码（整页）

第二种情况：自定义打印（部分内容）。

　　如果我们想要打印某页部分内容，首先选中想要打印的内容，返回打印设置界面，单击"打印所选内容"即可，如图 5-2-6 所示。

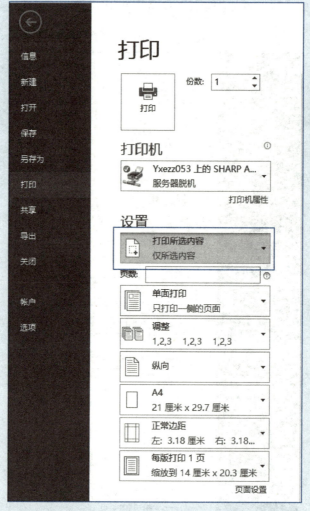

图 5-2-6　自定义打印（部分内容）

2. 缩放打印

在 Word 2013 中，打印文档时可以将多页文档内容打印到一页纸上，即缩放打印，最多可以在一页纸上打印 16 页的内容，也可以根据纸张的大小，将原来版面很大的文档缩放为纸张的大小。

打开 Word 2013，单击"文件"选项卡，单击"打印"选项，进入打印选项的设置界面，在右侧窗格选项中单击最下面的"每版打印一页"；然后选择要缩放的页数和缩放的纸张大小，如图 5-2-7 所示。

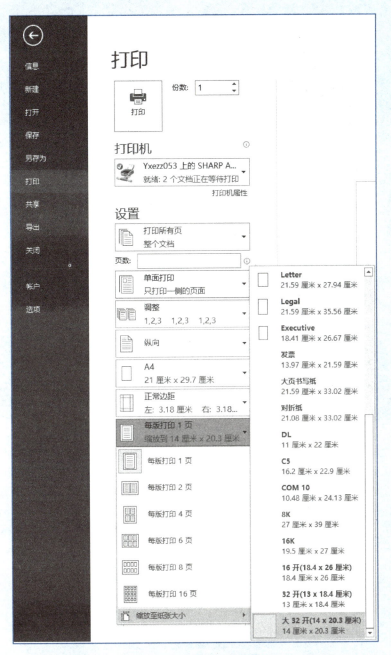

图 5-2-7　缩放打印设置

3. 逆序打印

有时候打印出来的纸张都是页码大的在上面，页码小的却在最底下，而在装订的时候又需要倒序过来。如果页码太多，依次倒序排列会很费时，这个时候就可以使用"逆序打印"来解决这个问题。

（1）打开 Word 2013，单击"文件"选项卡，单击"选项"命令，如图 5-2-8 所示。

（2）单击"选项"命令后，打开"Word 选项"对话框，如图 5-2-9 所示。

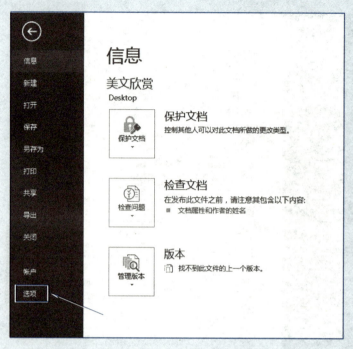

图 5-2-8 单击"选项"命令

图 5-2-9 "Word 选项"对话框

（3）在"Word 选项"对话框中，将选项卡切换到"高级"选项卡，如图5-2-10所示。

图 5-2-10　"高级"选项卡

（4）在"高级"选项卡右侧窗格中，勾选"逆序打印页面"复选框，系统默认是不会勾选此项的，然后再单击"确定"按钮，打印输出即可，如图5-2-11所示。

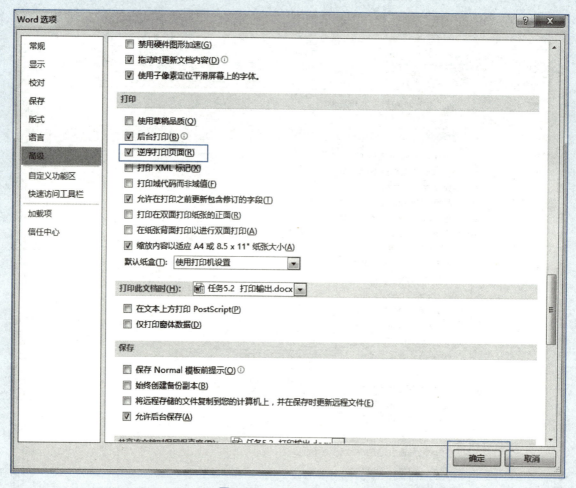

图 5-2-11　设置逆序打印

4. 双面打印

在对文档进行打印时，为了节约纸张或满足某些特殊文档（如书籍杂志等）的需求，往往需要进行双面打印。如果用手动双面打印设置，操作起来可能会比较麻烦，在放置顺序上容易出错。

方法 1：在 Word 中，实现双面打印实际上就是在纸的两面分别打印文档的奇数页和偶数页。

启动 Word 2013，打开文档，单击"文件"选项卡，在窗口左侧窗格中单击"打印"命令，单击"自定义打印范围"按钮，在打开的列表中选择"仅打印奇数页"或"仅打印偶数页"选项，如图 5-2-12 所示，然后单击"打印"按钮即可分别进行奇偶页的双面打印。

> **注意**
>
> 　如果文档的总页数为奇数，而且设置的是先打印偶数页，则在打印完成后，应该在打印机中多放置一张纸来打印奇数页，或者在编辑文档时就在文档最后添加一页空白页，使总页数为偶数。

图 5-2-12　奇偶数页打印

方法 2：

（1）启动 Word 2013 打开文档，单击"文件"选项卡，单击"选项"命令后打开"Word 选项"对话框，将选项卡切换到"高级"选项卡，在"打印"选项组中勾选"在纸张背面打印以进行双面打印"复选框，单击"确定"按钮，如图 5-2-13 所示。

（2）设置完成，开始打印。打印机第一次出纸后，翻转纸张，页眉朝里。

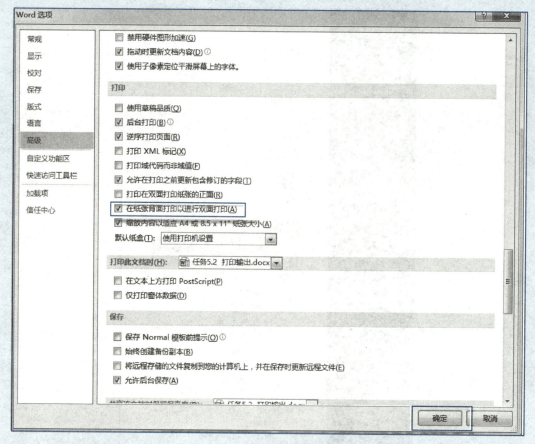

图 5-2-13　双面打印选项设置

知识拓展

1. Word 打印的快捷键

● 快捷键 Alt+Ctrl+I：打开打印预览。

● 快捷键 Ctrl+P：打开打印设置对话框。

2. 管理打印任务的方法

双击目前正在使用的打印机图标，在打开的打印机窗口中，右键单击正在打印的文件，在打开的快捷菜单中选择"暂停"命令，可暂停文档的打印；如果选择"取消"命令，则可取消文档的打印。

实战提高

打开编辑完成的文档，完成以下操作：

（1）打印文档的 2 到 6 页、9 页、14 到 18 页，截图保存打印范围选项设置。

（2）完成文档的"逆序打印"设置，截图保存。

（3）设置每版打印 4 页，缩放至纸张大小 8K，截图保存。

项目 6　Word 2013 高级应用

在日常的办公过程中，使用 Word 2013 的基本功能我们可以轻松实现字符和段落格式的设置，可以方便地对短文档进行编辑和排版，进行各种表格的制作、页面的美化等操作。但是在使用 Word 时，会常常遇到长文档的处理，例如，制作大量信函、信封或者工资条等任务，利用 Word 2013 提供的高级应用，我们可以实现对长文档的排版、长文档的目录自动生成、邮件合并等。

任务 6.1 邮件合并

任务描述

张芝是华西中学的一名教务处管理教师，每年中考前都要给学生一张考试通知单，提醒学生按时参加考试，提醒家长将考生按时送达考试地点，避免出现误考。全校每年有 400 多人参加考试，人数较多，为避免出现错误，面对如此大的工作量，张芝老师决定利用 Word 提供的邮件合并功能来完成此项工作。

任务实施

一、Word 2013 邮件合并的基本概念和功能

"邮件合并"最初是在批量处理"邮件文档"时提出的，具体来说，就是在邮件文档（主文档）的固定内容中，合并与发送信息相关的一组通信资料（如 Excel 表、Access 数据库表等数据源），从而批量生成需要的邮件文档，可以大大提高工作效率，"邮件合并"因此而得名。

"邮件合并"功能除了可以批量处理信函、信封等与邮件相关的文档外，还可以轻松地批量制作标签、通知单、工资条、成绩单等。

二、Word 2013 邮件合并的使用范围

Word 2013 邮件合并适用于以下情况：

一是我们需要制作的数量比较大；二是文档内容分为固定不变的内容和变化的内容，比如信封上的寄信人地址和邮编、信函中的落款等，这些都是固定不变的内容；而收信人的地址和邮编等属于变化的内容，其中变化的部分由数据表中含有标题行的数据记录表表示；所谓的含有标题行的数据记录表，通常是指这样的数据表：它是由字段列和记录行构成，字段列规定该列存储的信息，每条记录行存储着一个对象的相应信息。

三、Word 2013 邮件合并的基本过程

邮件合并的基本过程包括以下三个步骤：

1. 准备数据源

数据源就是数据记录表，其中包含相关的字段和记录内容。一般情况下，考虑使用邮件合并来提高工作效率正是因为制作者已经有相关的数据源，如 Excel 表格、Access 数据库表或 Outlook 联系人等。如果没有现成的，就需要搜集信息建立一个新数据表。

在实际工作中，在利用 Excel 表格数据时，在数据表的最上端有一行标题，如果要将该表作为邮件合并的数据源时，应该先将标题行删除，得到以表头（字段名）开始的一张 Excel 表格，这时进行邮件合并就可使用这些字段名来引用数据表中的记录，如图 6-1-1 所示为数据表。

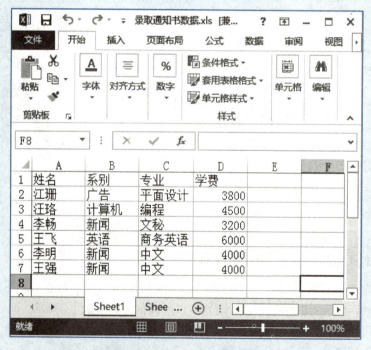

图 6-1-1　数据表

2. 建立主文档

主文档是指邮件合并内容中固定不变的部分，如信函中的通用部分、信封上的落款、通知单上的表格等。建立主文档的过程就如同平时新建一个 Word 文档一样，但需要提前考虑如

何设定主文档内容使其与数据源更好地结合，满足制作者的要求。如图 6-1-2 所示，该主文档已在合适的位置留下了数据填充的空间。

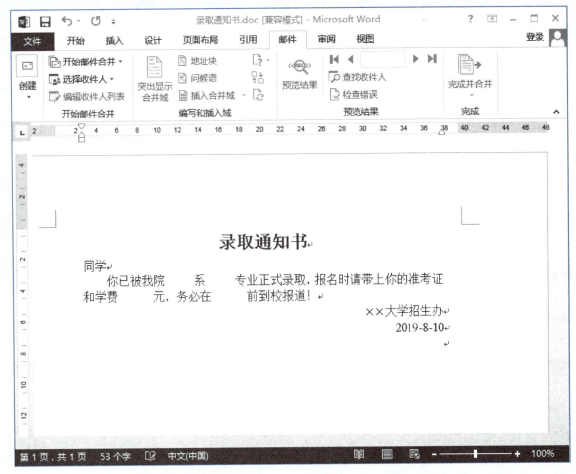

图 6-1-2　邮件合并主文档

3. 将数据源合并到主文档中

利用邮件合并工具，可以将数据源合并到主文档中，得到我们的目标文档。合并完成的文档的份数取决于数据表中记录的条数。

四、邮件合并任务实施过程

1. 建立"考试通知单"数据源

启动 Excel 2013 制作"考试通知单"工作表，保存工作簿为"2014 华西中学初三升学考试安排表 .xlsx"，如图 6-1-3 所示。数据源是考生的具体信息，包括考生的"姓名""身份证号码""考籍号""考点""考场""座号"等内容。

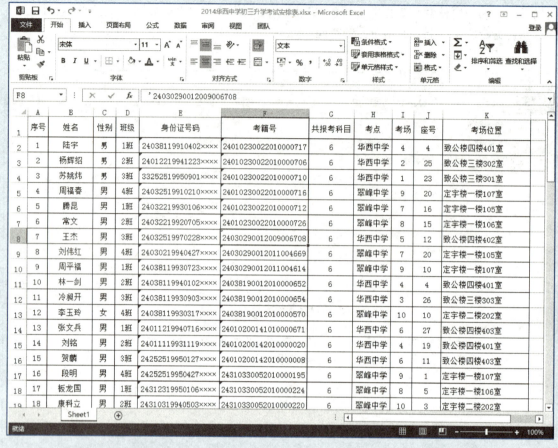

图 6-1-3 "2014 华西中学初三升学考试安排表 .xlsx" 数据源

2. 建立主文档

在 Word 2013 中新建一个空白文档，作为主文档，其内容为通知单的共有内容（即文档固定内容），比如考试科目和考试时间等信息，如图 6-1-4 所示。

3. 邮件合并设置操作

（1）单击菜单栏中"邮件"选项卡，如图 6-1-5 所示。

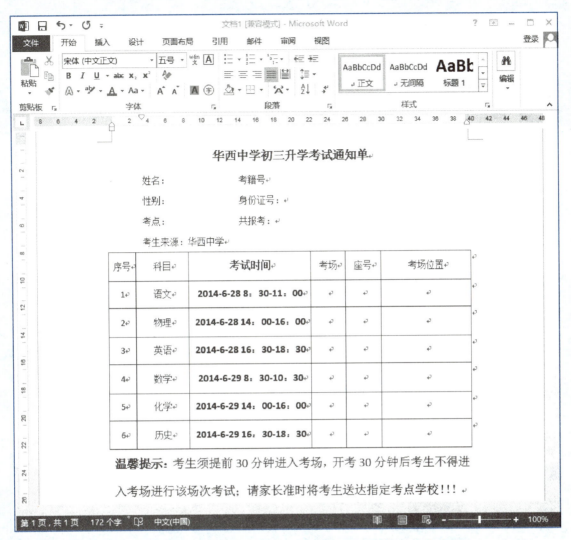

图 6-1-4 "2014 华西中学初三升学考试通知单主文档 .docx"内容

图 6-1-5 "邮件"选项卡

（2）选择要创建的文档类型，可以选择创建信函、信封、标签（在每个标签中都有不同的地址）等。在打开的"华西中学初三升学考试通知单主文档 .docx"菜单栏中单击"邮件"选项卡，在"开始邮件合并"选项组中单击"开始邮件合并"按钮，在弹出的下拉列表中选择"信函"或"普通 Word 文档"，如图 6-1-6 所示，将当前打开的文档作为邮件合并的主文档。

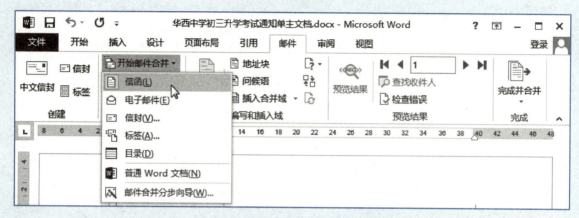

图 6-1-6 选择邮件合并文档类型

（3）打开数据源文件。在打开的"华西中学初三升学考试通知单主文档 .docx"菜单栏中单击"邮件"选项卡，在"开始邮件合并"选项组中单击"选择收件人"按钮，在弹出的下拉列表中选择"使用现有列表"，如图 6-1-7 所示，打开"选取数据源"对话框。

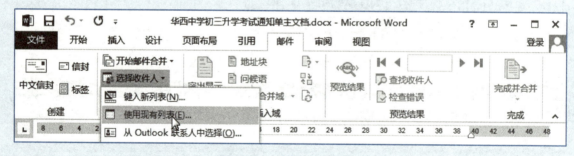

图 6-1-7 选择收件人命令

在弹出的"选取数据源"对话框中选择数据源文件，也就是前面创建的"2014 华西中学初三升学考试安排表 .xlsx"工作簿，如图 6-1-8 所示，单击"打开"按钮，弹出"选择表格"对话框，从中选择"考试通知单"工作簿中的"Sheet1"工作表（因邮件合并的数据制作在 Sheet1 工作表中，此处没有更改工作表名），如图 6-1-9 所示，实现了邮件合并 Word 文档项目与 Excel 数据源之间的对应关系，同时"邮件"选项卡下的各组按钮由灰色不可用变为深色可用状态，因此可进行邮件合并的下一步操作。

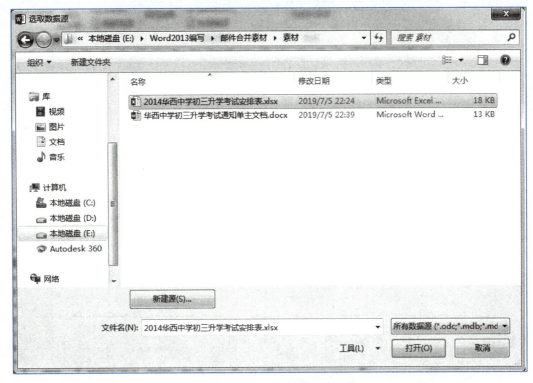

图 6-1-8　选择数据源文件

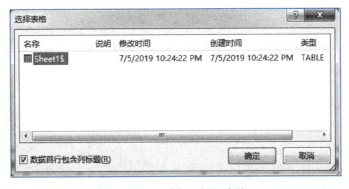

图 6-1-9　选择数据源表格

（4）插入数据域。在 Word 邮件合并的主文档与数据源文档建立起关联后，在 Word 主文档中可插入数据域，与数据源中的数据字段进行关联。在主文档中选择第一个插入姓名域位置，将光标定位到"姓名"文字后，单击"邮件"选项卡"编写和插入域"选项组中"插入合并域"按钮，然后在下拉菜单中选择"姓名"即可，如图 6-1-10 所示。重复上述操作，依次插入其他需要的数据域，最终完成结果如图 6-1-11 所示。

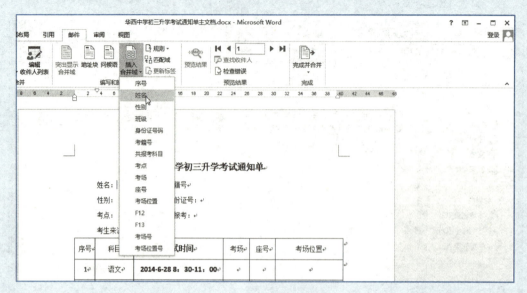

图 6-1-10　插入数据域

图 6-1-11　完成数据域的插入表

（5）完成合并工作。设置好邮件合并后，可以在"邮件"选项卡的"预览结果"选项组中单击"预览结果"按钮进行预览，再单击下一记录按键箭头 ▶，进行逐条检查合并记录，如图 6-1-12 所示。至此，邮件合并工作就基本完成了，如果需要打印，可在"完成"选项组中单击"完成并合并"按钮，再选择"打印文档"，然后可以选择打印全部内容、当前记录、从某条到某条进行打印等。如果需要合并到新文档中，则单击"完成并合并"按钮，选择"编辑单个文档"，在打开的"合并到新文档"对话框中进行全部数据的合并，如图 6-1-13 所示。

完成合并得到的新文档，观察文档排版效果，如果有排版问题，可以修改主文档中的排版格式后再重新进行完成合并命令，当合并文档无误后，可进行打印，保存合并文档到文件夹中。

如果合并的记录不是全部，只是满足条件的记录才合并出来；或者是按一定的顺序进行合并，此时可在"邮件"选项卡的"开始邮件合并"选项组中单击"编辑收件人列表"按钮，出现如图 6-1-14 所示对话框。

图 6-1-12　邮件合并预览结果表

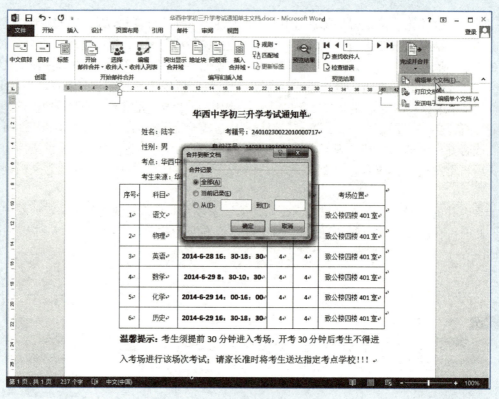

图 6-1-13　完成合并

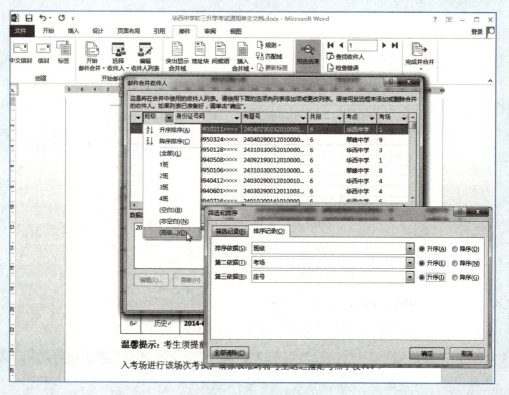

图 6-1-14　选择合并条件

在图 6-1-14 所示的“邮件合并收件人”对话框中，单击“班级”下拉三角按钮，选择“高级”命令，弹出“筛选和排序”对话框，选择“排序记录”选项卡，分别选择排序条件的第一、第二和第三字段名，此处将每班的学生合并在一处，并且按考场和座位号进行排序，邮件合并的记录也按条件得到结果。

知识拓展

一、如何在一页纸上制作多个成绩通知单

1. 准备数据源

在 Excel 中建立数据表，录入“2018-19 学年上学期计算机网络技术 35 班期末考试成绩”，如图 6-1-15 所示。

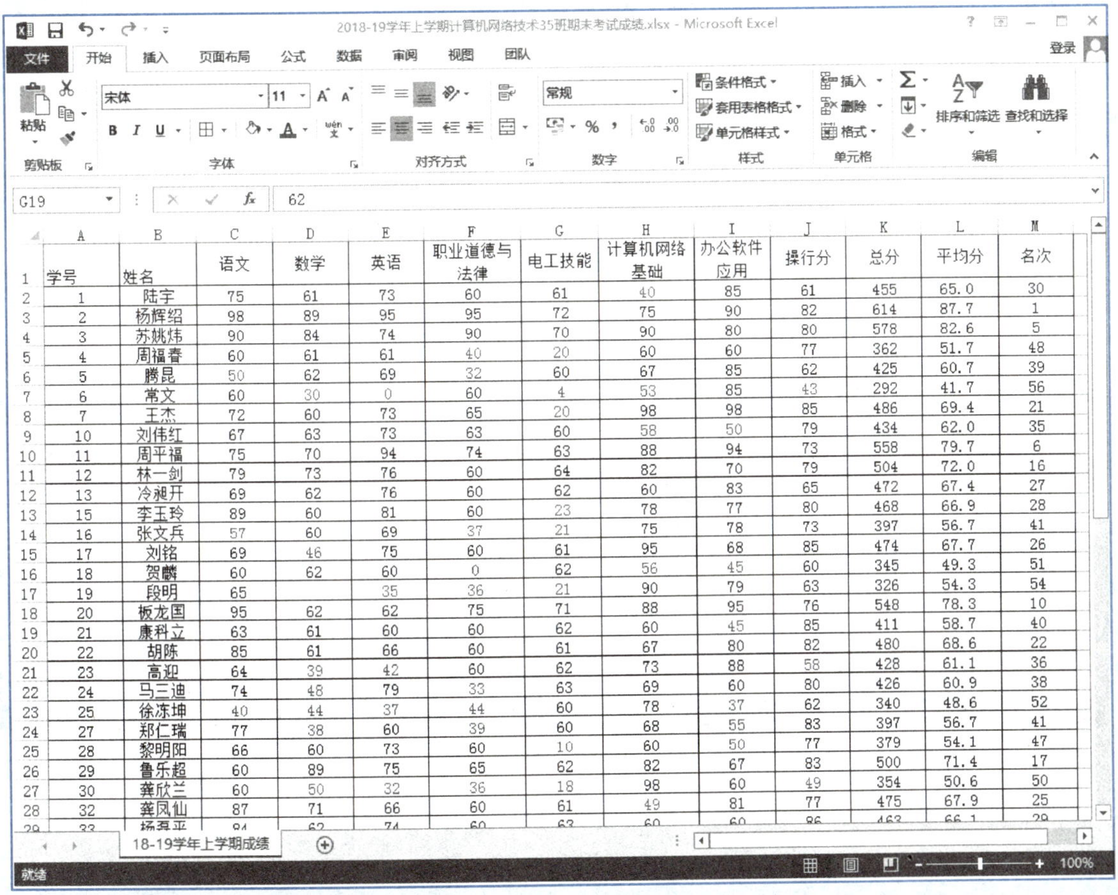

学号	姓名	语文	数学	英语	职业道德与法律	电工技能	计算机网络基础	办公软件应用	操行分	总分	平均分	名次
1	陆宇	75	61	73	60	61	40	85	61	455	65.0	30
2	杨辉绍	98	89	95	95	72	75	90	82	614	87.7	1
3	苏姚炜	90	84	74	90	70	90	80	80	578	82.6	5
4	周福春	60	61	61	40	20	60	60	77	362	51.7	48
5	腾昆	50	62	69	32	60	67	85	62	425	60.7	39
6	常文	60	30	0	60	4	53	85	43	292	41.7	56
7	王杰	72	60	73	65	20	98	98	85	486	69.4	21
10	刘伟红	67	63	73	63	60	58	50	79	434	62.0	35
11	周平福	75	70	94	74	63	88	94	73	558	79.7	6
12	林一剑	79	73	76	60	64	82	70	79	504	72.0	16
13	冷昶开	69	62	76	60	62	60	83	65	472	67.4	27
15	李玉玲	89	60	81	60	23	78	77	80	468	66.9	28
16	张文兵	57	60	69	37	21	75	78	73	397	56.7	41
17	刘铭	69	46	75	60	61	95	68	85	474	67.7	26
18	贺麟	60	62	60	0	62	56	45	60	345	49.3	51
19	段明	65		35	36	21	90	79	63	326	54.3	54
20	板龙国	95	62	62	75	71	88	95	76	548	78.3	10
21	康科立	63	61	60	60	62	60	45	85	411	58.7	40
22	胡陈	85	61	66	60	61	67	80	82	480	68.6	22
23	高迎	64	39	42	60	62	73	88	58	428	61.1	36
24	马三迪	74	48	79	33	63	69	60	80	426	60.9	38
25	徐冻坤	40	44	37	44	60	78	37	62	340	48.6	52
27	郑仁瑞	77	38	60	39	60	68	55	83	397	56.7	41
28	黎明阳	66	60	73	60	10	60	50	77	379	54.1	47
29	鲁乐超	60	89	75	65	62	82	67	83	500	71.4	17
30	龚欣兰	60	50	32	36	18	98	60	49	354	50.6	50
32	龚凤仙	87	71	66	60	61	49	81	77	475	67.9	25

图 6-1-15　期末成绩数据源

2. 建立主文档

（1）新建 Word 空白文档。

（2）在文档中插入一个表格，该表格数目为一张纸上的成绩通知单数目，此处一页6个成绩通知单，需插入 2×3 个单元格的表格。调整表格的大小占满整个页面，6个单元格大小一致。

（3）在表的第一个单元格中插入新表格，进行表格的嵌套，嵌套的表格制作成绩通知单样式，如图 6-1-16 所示。

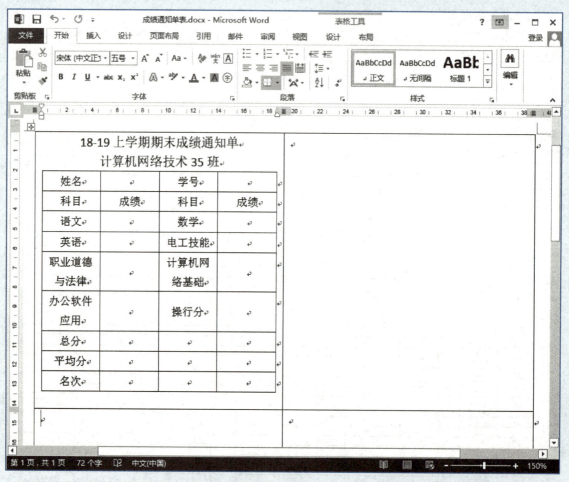

图 6-1-16　成绩通知单表

3. 进行邮件合并设置

（1）在第 1 个嵌套的表格中完成邮件合并设置。

（2）将制作好的成绩通知单复制到第 2 个单元格中，并在成绩通知单前面插入"下一记录"（注：单击"邮件"选项卡中"编写和插入域"选项组的"规则"按钮，在下拉列表中选择"下一记录"），如图 6-1-17 所示。

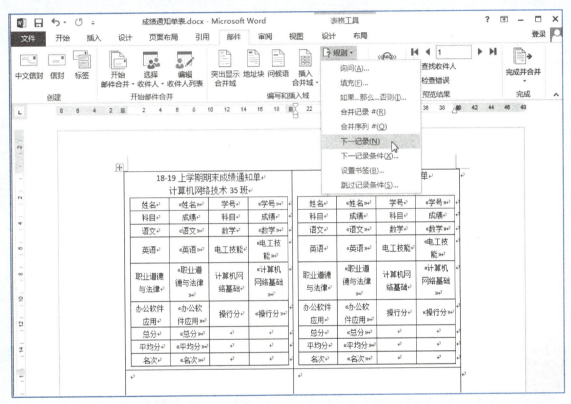

图 6-1-17　插入下一记录

（3）将第 2 个单元格中的准考证依次复制到第 3、4、5 和 6 个单元格中；如图 6-1-18 所示，进行邮件合并预览结果，修改页面到显示完善。

（4）完成合并，合并到新文档并进行保存。

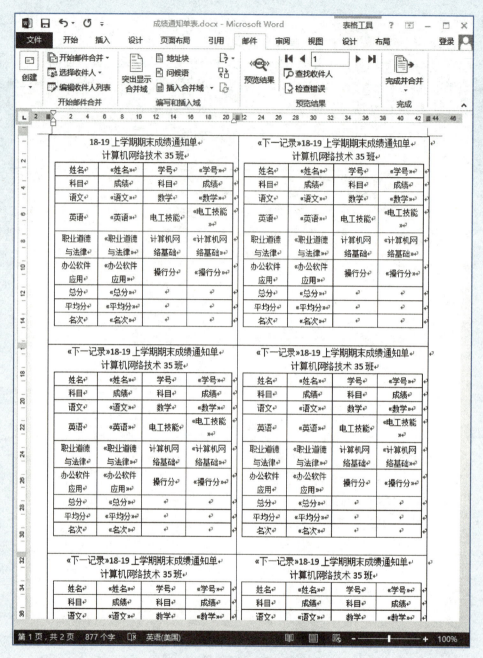

图 6-1-18　邮件合并设置结果

二、利用 Word 邮件合并制作带相片的证件

在邮件合并过程中，常遇到带有相片的文件，此时如何完成邮件合并工作呢？操作方法如下：

1. 准备数据源

准备一份学生信息数据库，在 Excel 中建立数据表，录入计算机网络技术 35 班学生信息，作为邮件合并的数据源。在使用 Excel 工作簿时，必须保证数据文件是数据库格式，即第一行必须是字段名，数据行中间不能有空行等。要批量打印相片时，在数据库中需要增加一个相片的路径和文件名的字段。

需要将相片放在相应的文件夹中（例如此处相片存放在"E:\WL1835\相片"文件夹里），每位考生的相片文件名和准考证号相对应（如果用姓名命名相片时可能会出现同名同姓的问题）。如果将相片文件、数据源文件和合并的主文档存放在同一文件夹中时，相片路径可用相对路径，如图 6-1-19 所示。

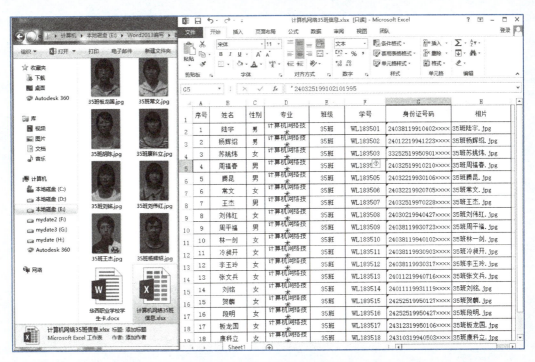

图 6-1-19　相片邮件合并数据源

2. 建立主文档

新建 Word 空白文档，保存到数据源文件和相片的同一文件夹中，文件命名为学生卡模板。在空白文档中插入一个表格，表格制作学生卡样式。

3. 进行邮件合并设置

（1）在表格中完成邮件合并设置，在相应的位置插入"姓名""性别""专业""班级"和"学号"的合并域。

（2）相片的批量插入设置，把光标定位在要插入照片的单元格中，打开"插入"选项卡的"文本"选项组，单击"文档部件"按钮，选择"域"命令，如图 6-1-20 所示，在弹出的"域"对话框左侧"域名"中选择"IncludePicture"域，在"文件名或 URL"文本框中输入相片存放位置"E:\WL1835\相片\"，如图 6-1-21 所示。

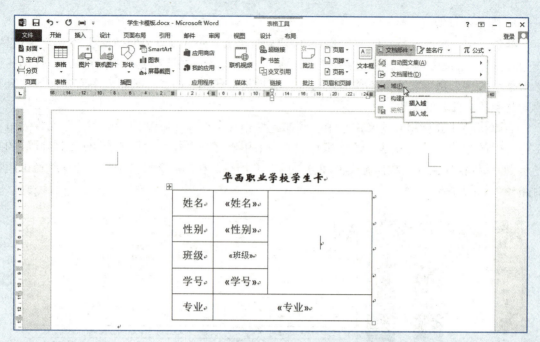

图 6-1-20　插入文档部件域

图 6-1-21　选择插入的域名

此时插入的相片域控件与 Excel 表格中的"相片"列数据还没有建立关联，需要修改域代码来完成。在主文档中选中学生卡中的相片，按 Alt+F9 键切换成源代码方式，会发现代码中地址的单反斜杠自动变成了双反斜杠。在"相片 \\"文字的双反斜杠后插入合并域，在"邮件"选项卡的"编写和插入域"选项组中单击"插入合并域"按钮，选择"相片"域，如图 6-1-22 所示。再次按 Alt+F9 键退出域代码，调整一下存放相片控件的大小，拖动相片控件的四角可调整控件大小，实现图片大小的调整，如图 6-1-23 所示。

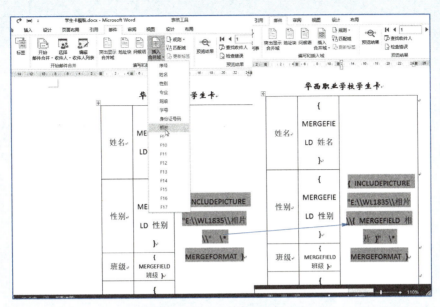

图 6-1-22　修改域代码

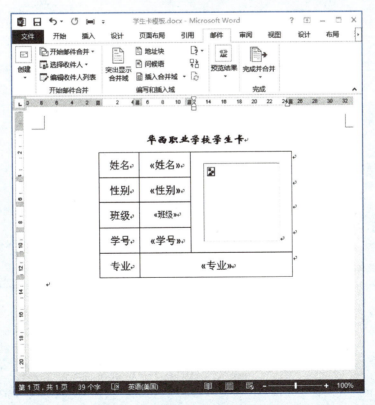

图 6-1-23　邮件合并主文档设置效果

最后在"邮件"选项卡中"完成并合并"选项组中单击"完成合并"按钮，选择"编辑单个文档"查看合并效果。此时看到邮件合并出的 Word 新文档并没有出现想要的显示相片结果，按 Ctrl+A 键全选新文档内容，然后按 F9 键刷新，这时就出现相片如图 6-1-24 所示。

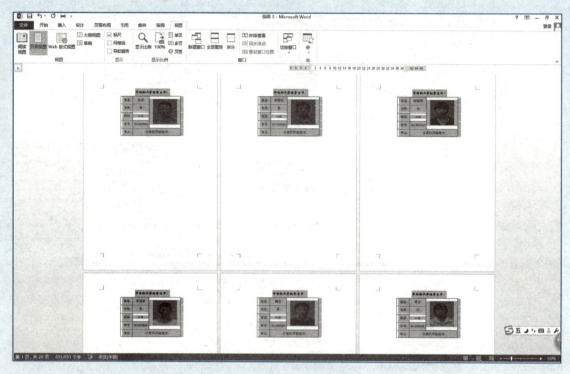

图 6-1-24　邮件合并新文档效果

实战提高

1. 根据素材文件"录取通知书数据名单.xlsx"中的数据，用邮件合并功能完成录取通知书的生成，效果如图 6-1-25 所示。

2. 根据素材文件"高新技术办公软件应用鉴定试题单.xlsx"中的数据素材，用邮件合并功能完成高新技术办公软件应用鉴定试题单的生成，效果如图 6-1-26 所示。

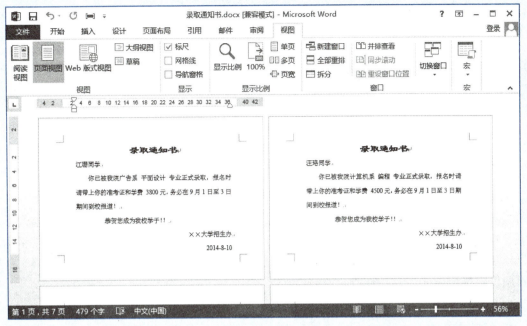

图 6-1-25　批量制作录取通知书

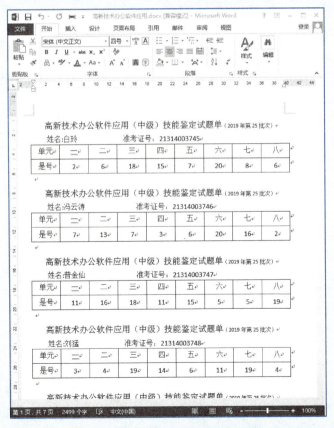

图 6-1-26　批量制作技能鉴定试题单

任务 6.2 长文档编辑

任务描述

　　小王是一名刚毕业参加工作的新员工，本科所学专业是与计算机相关的专业，虽然系统学习过计算机操作的课程，但是对工作中的各种通知、计划、报告等长文档，只要涉及排版问题，小王就很苦恼，每次都要花大量的时间修改格式、制作目录和页眉页脚等。小王深知自己对于长文档的排版不够熟练，为了让自己能更快地适应新工作，他决心系统学习长文档的排版编辑技巧，进一步熟练使用 Word 2013。

任务实施

长文档样式的设置

1. 打开编辑的长文档

　　启动 Word 2013，打开素材文件"6-2 中职组'唯康杯'信息技术类赛项规程.docx"，如图 6-2-1 所示。

2019 年云南省职业院校技能大赛"唯康杯"
信息技术技能大赛规程

一、赛项名称

　　2019 年云南省中等职业学校"唯康杯"信息技术技能大赛。

二、竞赛目的

　　通过竞赛，检验和展示中等职业学校师生信息技术、计算机技术的基本技能和实际操作技能，引领和促进中职学校信息技术类专业教育教学改革，激发、调动行业企业参与信息技术类专业教育教学改革的主动性和积极性，提升云南中职学校信息技术类专业职业人才的技能水平。

三、大赛项目（9 项）

　　（一）学生组常规项目（7 项）

　　1. 网络布线（集体项目）。每队限报 1 组 3 名选手，协作完成团队任务。限报 1 名指导教师。

图 6-2-1　长文档

2. 删除文档中多余的空格

将光标置于文档的开始位置，单击"开始"选项卡"编辑"选项组中"替换"按钮，出现如图 6-2-2 所示对话框。

图 6-2-2　"查找和替换"对话框

在"查找和替换"对话框的"替换"选项卡中，在"查找内容"文本框中输入一个空格，单击图 6-2-2 中的"更多"按钮，在"搜索选项"栏中取消勾选"区分全/半角"复选框，如图 6-2-3 所示，即在替换时不区分空格的全角和半角符号。

图 6-2-3　查找替换内容输入及选项设置

在"替换为"文本框中不输入任何符号，单击"全部替换"按钮，则整篇文档中的空格全部删除，结果如图 6-2-4 所示。

图 6-2-4　删除全部空格

　　从图 6-2-4 中可以看出，文档中全部 491 处空格已替换删除完毕，关闭该对话框。采用同样的方法可以对文档中的文字或符号进行批量查找替换或批量删除操作，能够更加方便、快捷地编辑文档。

　　3. 应用样式编辑文档

　　（1）正文样式应用及编辑

　　打开素材文件"6-2 中职组'唯康杯'信息技术类赛项规程.docx"，在文档中"信息技术技能大赛规程"后插入一个分页符，将前两行作为文档首页的封面标题，如图 6-2-5 所示，在"页面布局"选项卡"页面设置"选项组中单击"分隔符"按钮，选择"分页符"命令，在光标位置插入一个分页符，该分页符后的内容另起一页开始。

　　对全文文字进行正文样式的应用，按 Ctrl+A 键选定全文，在"开始"选项卡"样式"选项组中选中正文样式，全文所有内容均应用该样式。对正文样式进行编辑，单击"开始"选项卡"样式"选项组对话框启动按钮，在"样式"窗口中选定正文，单击"样式"窗口最下端第三个图标"管理样式"，弹出"管理样式"对话框，如图 6-2-6 所示，在该对话框中选定正文样式后单击"修改"按钮，弹出"修改样式"对话框，设置字号为"小四"，单击左下角"格式"按钮，选择"段落"命令，出现"段落"对话框，在"段落"对话框中设置"特殊格式"为"首行缩进""2 字符"，"行距"为"固定值""20 磅"，单击"确定"按钮，应用正文的样式文字自动修改，效果如图 6-2-7 所示。

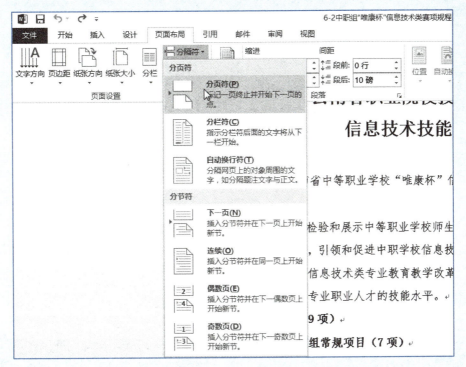

图 6-2-5　插入"分页符"

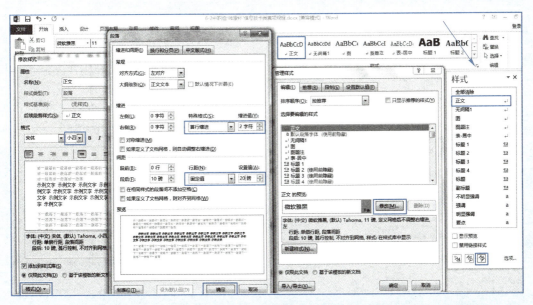

图 6-2-6　正文样式修改

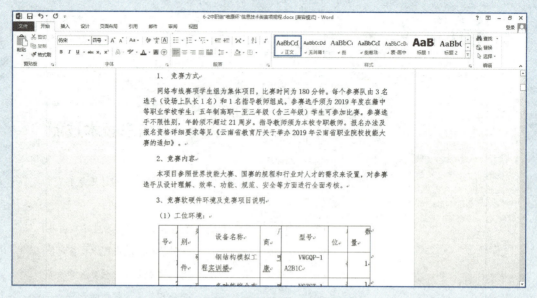

图 6-2-7　表格应用正文样式效果

在图 6-2-7 所示的样式效果中发现，表格采用正文样式后，表格中的文字也发生格式变化，需要重新进行样式编辑，所以我们新建了一个表格样式用于表格中的内容，在正文样式的基础上取消首行缩进，新建表格样式如图 6-2-8 所示，也可以通过"样式"窗格新建样式。

图 6-2-8　设置表格样式

表格应用表格样式后的效果如图 6-2-9 所示，表格中内容恢复了正常显示。用同样的方法设置其他表格内容格式。

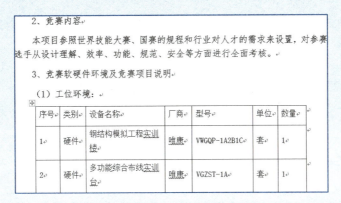

图 6-2-9　应用表格样式

（2）封面标题编辑

本任务中首页作为文档的封面标题，设置其格式可以用设置字体和段落的格式来完成，设置字号为"二号"，将光标置于第 1 行中，首行无缩进，在"段落"对话框中设置"段前"为"300 磅"，"行距"为"1.5 倍行距"，使标题居于纸张中部，效果如图 6-2-10 所示。

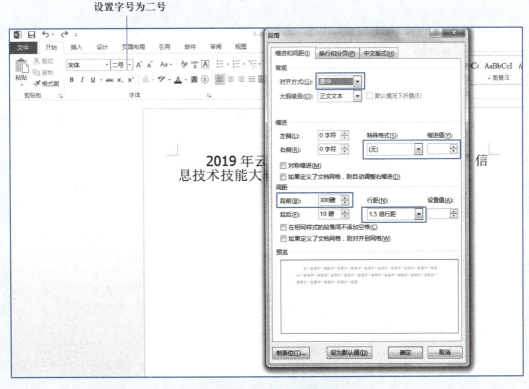

图 6-2-10　封面标题设置

（3）大纲级别标题样式应用及编辑

大纲级别标题样式具有级别，分别对应级别 1~9，根据级别可得到文档结构图、大纲和目录，在下一个制作目录的任务中，我们将详细地介绍设置标题样式级别。在本任务中我们先规划一下可能用到的样式，对于文档中每一部分的大标题，都采用"标题1"样式，小标题则按层次采用"标题2"样式。

首先将文档的显示切换为"大纲视图"，操作方法是：在"视图"选项卡的"视图"选项组中单击"大纲视图"按钮，以大纲视图显示文档，如图6-2-11所示。

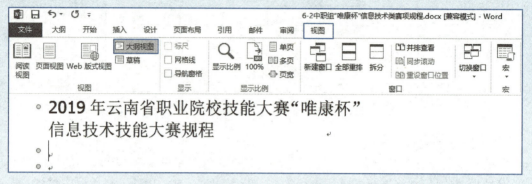

图 6-2-11　大纲视图

此时窗口显示为大纲视图状态，在 Word 菜单栏中出现"大纲"选项卡，在此选项卡中有三个选项组，分别是"大纲工具""主控文档"和"关闭"，如图6-2-12所示。

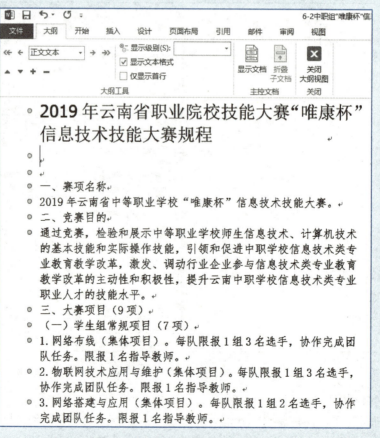

图 6-2-12　大纲视图效果

在图 6-2-12 中，大纲视图显示级别是所有级别，在此视图中将光标置于"一、赛项名称"行中，在"大纲工具"选项组的"大纲级别"下拉列表框（图中该框显示"正文文本"字样）中选择"1 级"，设置后效果如图 6-2-13 所示，用同样的方法将本文档中的"二、三……六"的标题均设为"1 级"大纲级别。

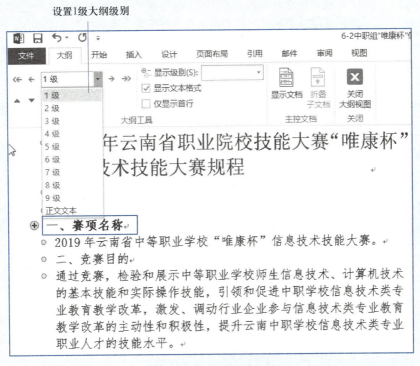

图 6-2-13　设置 1 级大纲

在大纲视图中将光标置于文档中"（一）学生组常规项目（7 项）"行，在"大纲工具"选项组的"大纲级别"下拉列表框中选择"2 级"，如图 6-2-14 所示，用同样的方法将"（二）、（三）……（六）"的标题均设为"2 级"大纲级别。

大纲级别设置完成后，单击"大纲"选项卡"大纲工具"选项组中"显示级别"下拉列表框，选择"2 级"，文档中只显示"标题 1"和"标题 2"的大纲级别内容，效果如图 6-2-15 所示。

双击"（二）教师组常规项目（2 项）"前的大纲符号，则显示该大纲下的正文内容，如图 6-2-15 所示。关闭大纲视图状态，回到页面视图显示时，如果发现设置的大纲标题效果不是很好，还可以在"管理样式"对话框中修改大纲级别对应的样式设置，例如本任务的文

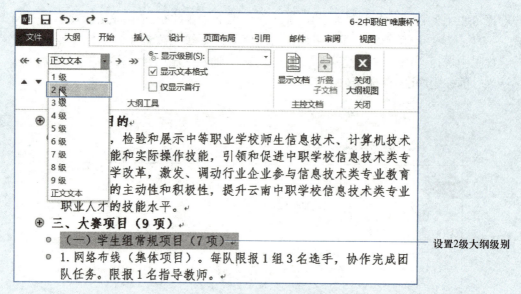

图 6-2-14　设置 2 级大纲

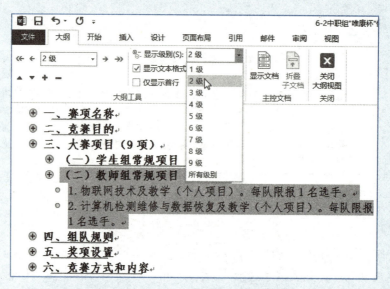

图 6-2-15　大纲级别显示

档中 1 级大纲标题不需要首行缩进，则进行如图 6-2-16 所示修改标题 1 样式，字号设置为"三号"，缩进设置中取消首行缩进，设置完成后单击"确定"按钮，应用该标题 1 样式的所有 1 级大纲内容均自动改变，不需要逐个进行修改。

按同样的方法修改标题 2 样式，字号设置为"四号"，取消首行缩进，应用该标题 2 样式的所有 2 级大纲内容均自动改变，不需要逐个进行修改，最终效果如图 6-2-17 所示。

在文档中可以应用多个样式进行排版，应用同一样式的内容，在修改该样式后所设置格式同时进行修改，这是长文档应用样式设置格式的优点。在大纲视图中可以任意修改文档中的内容大纲级别，可以删除多余的内容，快速地编辑长文档格式。

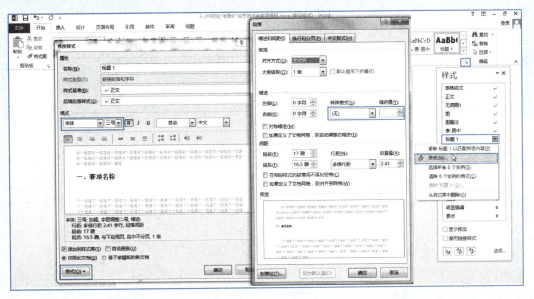

图 6-2-16 修改标题 1 样式

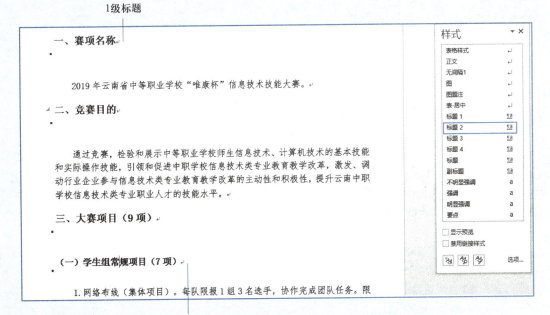

图 6-2-17 应用修改样式页面视图

知识拓展

　　长文档的应用广泛多样，本任务以一个赛项规程为实例，讲述了通知类长文档的编辑排版，长文档的编辑排版同样可用于论文的排版，论文排版可以按需求设置 1 级大纲、2 级大纲，各部分按层次结构可设为 3 级大纲及以下；而且论文中的表格和图片可以设置统一样式，应用于文档中的所有表格和图片，根据需要灵活设置样式和使用分节符来完善排版。用大纲视图来编辑和管理文档，可使文档具有逐层展开的清晰结构，能使阅读者很快对文档的层次和内容有一个从浅到深的了解，从而能快速查找并切换到特定的内容。

实战提高

1. 请结合本任务所学知识，为素材文件"6-2 中职组'唯康杯'信息技术类赛项规程.docx"设置 3 级或者更多级别的大纲标题，应用长文档编辑等知识进行排版。

2. 以撰写文档"毕业论文.docx"为例，练习用 Word 制作毕业论文，掌握长文档编辑的方法和技巧。论文的格式我们以素材文件"6-2 毕业论文格式规范"为要求。

任务 6.3 制作目录

任务描述

小王是刚参加工作的策划部员工，经常要写策划书或计划、报告书等各种长文档，为了更好地完成工作，小王已经学习了长文档的排版编辑技巧，但缺少目录的长文档在阅读起来非常不方便，小王尝试用 Word 中插入目录的功能，可是在插入目录和页眉页脚时系统总是提示错误，小王决心认真学习制作目录以及插入页眉页脚和页码，熟练使用 Word 2013 制作长文档目录，提高工作质量。

任务实施

一、长文档目录的制作

打开素材文件"6-3 中职组'唯康杯'信息技术类赛项规程.docx"，单击"引用"选项卡，单击"目录"选项组中的"目录"按钮，在打开的"目录"对话框中设置目录样式，如图 6-3-1 所示，主要包括以下设置：

（1）格式：目录中各级标题的格式。

（2）显示级别：设置目录中显示到几级。

（3）制表符前导符：显示在标题和页码中间的内容。

（4）页码：可以在目录中显示页码和对齐方式。

单击"目录"→
"自定义目录"

设置页码

选择制表符前导符

选择格式

设置目录显示级别

图 6-3-1 设置目录样式

切换到大纲视图，将长文档中各级标题设置为正确的大纲级别。关闭大纲视图，将光标放置到文档标题"2019 年云南省职业院校技能大赛'唯康杯'信息技术技能大赛规程"后，插入分页符，光标自动跳转到下一空白页面，在"引用"选项卡"目录"选项组中单击"目录"按钮，在弹出的下拉列表中选择"自定义目录"选项，弹出"目录"对话框，勾选"显示页码"和"页码右对齐"复选框，勾选"使用超链接而不使用页码"复选框，然后在"制表符前导符"下拉列表框中选择一种前导符类型，并设置"显示级别"为"3"，如图 6-3-1所示。设置完毕单击"确定"按钮即可在光标前插入目录，如图 6-3-2 所示。

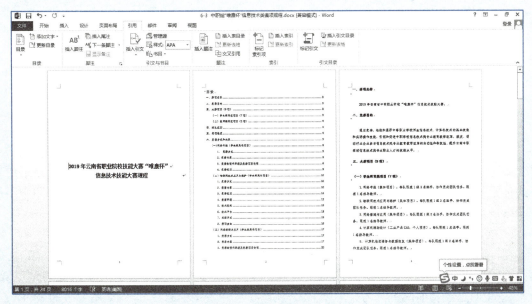

图 6-3-2 目录效果

在目录中要选择到目录中内容所在位置，由于目录内容创建了内容对应的链接，按住 Ctrl 键单击目录标题内容，即可跳转至目录标题所在正文中位置，方便阅读长文档。

二、长文档页眉和页码的制作

1. 插入分节符

在进行长文档编辑时，在页码设置过程中封面和目录不需要设置页码，因此从正文页开始设置页码。设置页码前在正文开始时插入一个分节符，从正文开始下页分节。将光标移至正文页的第一个字前，单击"页面布局"选项卡"页面设置"选项组中"分隔符"按钮，在"分节符"类型中选择"下一页"，这时光标会自动在第三页的开始显示，如图 6-3-3 所示。

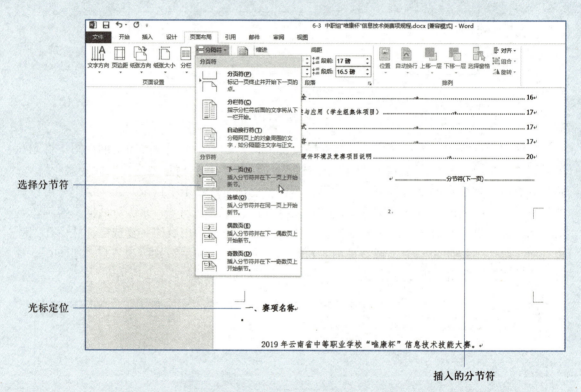

图 6-3-3　插入分节符

为了在页面视图中显示出分节符或分页符等符号，可单击"文件"菜单按钮，单击"选项"命令，在弹出的"Word 选项"对话框左侧选择"显示"，在右侧内容中勾选"显示所有格式标记"复选框，单击"确定"按钮，在文档中就显示出分节符，此分节符在打印中不能打印出来，不会影响排版结果。

2. 插入页码

在"插入"选项卡的"页眉和页脚"选项组中单击"页码"按钮，设置页码格式，此时第 3 页的页眉处写着"第 2 节"，右面是"与上一节相同"，而第 2 页的页脚则写的是"第 1 节"，这说明已经将前两页分为"第 1 节"，从第 3 页开始是"第 2 节"，如图 6-3-4 所示。

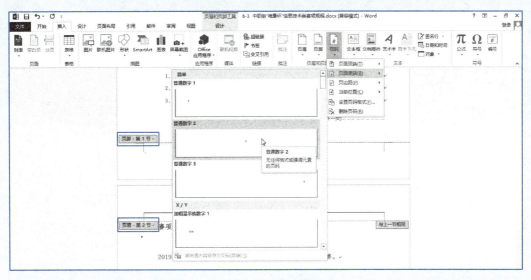

图 6-3-4 页码设置

为了让"第 2 节"插入的页码不与上一节相连续，将光标定位在第 3 页的页眉或页脚，即在第 2 节第 1 页的页眉或页脚中，单击"设计"选项卡"导航"选项组中"链接到前一条页眉"按钮，将"链接到前一条页眉"功能取消，即关闭页眉中的"与上一节相同"，在页眉或页脚右上方的"与上一节相同"显示将消失。此时在页脚显示的为第 3 页的页码，正文第 1 页应显示的页码为 1 开始，将光标置于正文第 1 页脚中，单击"设计"选项卡"页眉和页脚"选项组中"页码"按钮，选择"设置页码格式"，在弹出的对话框中设置"起始页码"为"1"，完成页码插入，如图 6-3-5 所示。

输入起始页码

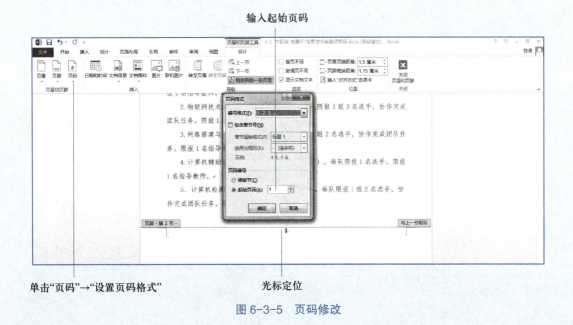

单击"页码"→"设置页码格式"   光标定位

图 6-3-5 页码修改

此时第2节分节符正文页码从1开始，在前两页中，封面和目录页不排页码，则将光标置于前两页中任意一页的页脚内，删除页码，则前两页不显示页码，效果如图6-3-6所示。

图 6-3-6　页码修改效果

3. 更新目录

将页码全部设置完毕，此时发现目录中的页码显示不正确，正文还是从第3页开始，目录并没有更新，单击目录，选定目录部分，单击"引用"选项卡"目录"选项组中"更新目录"按钮，在弹出的对话框中选择"只更新页码"单选按钮，则目录中的页码更新为最新。如果正文中的标题结构或者名称发生改变时，即重新设置了文中的大纲级别，则在该对话框中选择"更新整个目录"单选按钮完成目录更新，如图6-3-7所示。

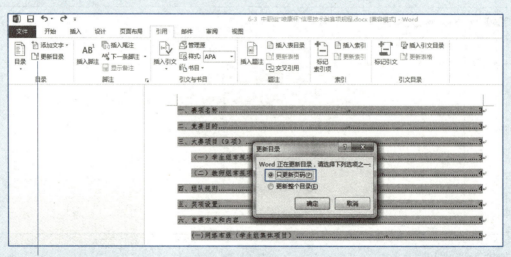

单击"更新目录"

图 6-3-7　更新目录

4. 奇偶页设置页眉页脚

在日常生活中我们经常会遇到奇偶页的页眉和页码位置不同的情况，如果要制作此类文档，则在正文页中双击页眉，进入页眉编辑，在"设计"选项卡"选项"选项组中勾选"奇偶页不同"复选框，在奇数页页眉中输入"2019 年云南省职业院校技能大赛'唯康杯'"文字，在偶数页页眉中输入"信息技术技能大赛规程"文字；在"插入"选项卡"页眉和页脚"选项组中单击"页码"按钮，选择页码位置及格式，在奇数页页脚中设置左侧页码，在偶数页页脚中设置右侧页码，效果如图 6-3-8 所示。

图 6-3-8　奇偶页设置不同的页眉和页脚

三、PDF 阅读文档

长文档在提供给人们阅读时，由于文档较长，在阅读过程中容易更改文档内容，为保证文档的完整性，一般将长文档编辑后存为 PDF 格式，再提供给阅读者，在阅读过程中能保证文档的完整性，且文档中的链接能够保存，可以参考素材"6-3　中职组'唯康杯'信息技术类赛项规程 .pdf"。

单击"文件"选项卡"另存为"按钮，选择文件另存为的位置，在弹出的对话框中设置"保存类型"为 PDF 类型，单击"保存"按钮即可，如图 6-3-9 所示。

单击"另存为"　　　　　　　　选择保存类型

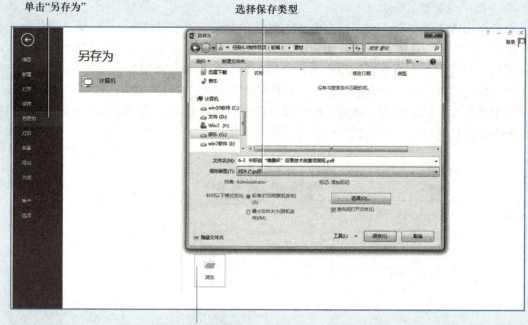

选择文件保存位置

图 6-3-9　保存为 PDF 格式文档

知识拓展

　　长文档在制作目录时可根据需要选择目录中的大纲级别数；也可插入目录域来制作目录，根据需要灵活设置样式和使用分节符来完善排版，编辑不同类型的长文档，按要求设置不同类型的页眉页脚。

实战提高

　　1. 请结合本任务所学知识，为素材文件"6-3 中职组'唯康杯'信息技术类赛项规程.docx"制作目录。

　　2. 在制作目录的基础上为素材文件"6-3 中职组'唯康杯'信息技术类赛项规程.docx"添加页码，并且更新目录，利用所学知识为素材文档设置奇偶页不同的页眉和页脚。

　　3. 为上一任务撰写的"毕业论文.docx"文档制作目录，页眉设置为"×××毕业论文"，页码位于底部中间，目录中页码显示正确。

任务 6.4 Word 2013 OneDrive 云端功能

任务描述

OneDrive 是微软公司提供的面向个人用户的云存储服务。使用它可以便捷地将 Office 文档和其他文件保存到云中，方便用户使用任意设备从任意位置访问。

利用 OneDrive，用户可以共享文档、照片以及更多内容，而不需要发送大量电子邮件附件。还可以在 Windows 或 MAC 中轻松处理 OneDrive 文件。

目前 OneDrive 云功能有两种模式：一种是 OneDrive；一种是 Office 365 SharePoint，前者是免费的，提供的容量为 5 GB，可满足用户的基本操作。第二种是收费的，这里我们重点介绍第一种服务。

张伟使用 Word 2013 已经有一段时间了，最近他遇到了一个棘手的问题，已经编辑完成的文档保存在计算机或者移动存储设备上，有时出差的时候还需要修改，但是由于没有带计算机，还需要同事将文件通过电子邮件的方式发给他，非常麻烦。而且移动存储设备有损坏的风险。

通过对 Word 2013 的深入学习，张伟发现 Word 2013 提供了一个强大的功能 OneDrive 云端功能，利用此功能，无论张伟在哪里，只要可以接入互联网，就可以登录到云端进行文档的编辑和处理，非常方便。

任务实施

一、注册 OneDrive 账号

1. 登录微软官网，单击右上角注册用户图标 ⒜，打开注册微软用户对话框，如图 6-4-1 所示。

图 6-4-1　注册微软账户

2. 在微软注册对话框中单击"没有账户？创建一个！"按钮，打开"创建账户"对话框，单击"下一步"按钮，如图6-4-2所示。

图 6-4-2 "创建账户"对话框

3. 在"创建账户"对话框中单击"改为使用电话号码"，输入一个有效的电话号码，设置登录的密码，单击"下一步"按钮，打开"创建密码"对话框，如图6-4-3所示。

图 6-4-3 "创建密码"对话框

4. 在"创建密码"对话框中设置以后登录账户的密码，单击"下一步"按钮，打开设置姓名对话框，如图6-4-4所示。

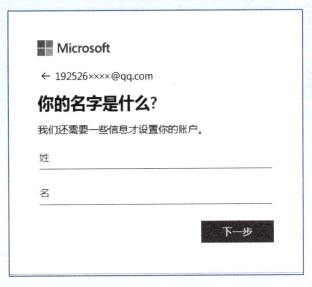

图 6-4-4　设置姓名

5. 在设置姓名对话框中设置账户的姓名，单击"下一步"按钮，然后依次设置国家和区，就可以申请一个账户了。

二、登录 OneDrive 账号

1. 启动 Word 2013，单击"文件"选项卡，在下拉菜单中单击"账户"选项。单击"登录"按钮。打开"登录"对话框，如图 6-4-5 所示。

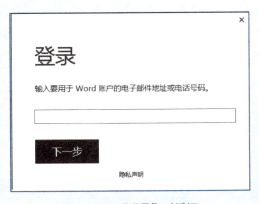

图 6-4-5　"登录"对话框

2. 按要求输入账号和密码，成功登录账户，如图 6-4-6 所示。

图 6-4-6　登录管理

3. 单击"添加服务"按钮，选择"存储"→"OneDrive"，再次输入用户名和密码，即可成功连接到云端服务，如图 6-4-7 所示。

图 6-4-7　登录云端服务

4. 登录成功后，在桌面任务栏里会添加一个图标 ☁，打开"计算机"，会出现 OneDrive 的图标 ☁ OneDrive，表明已经可以使用云功能了，如图 6-4-8 所示。

图 6-4-8 OneDrive 对话框

三、设置 OneDrive

1. 单击任务栏的  图标，单击"更多"按钮，选择"设置"选项，如图 6-4-9 所示，打开设置 OneDrive 对话框，如图 6-4-10 所示。

图 6-4-9 开启 OneDrive 设置

图 6-4-10 设置 OneDrive

2. 设置自动开启 OneDrive。单击"设置"选项卡，如图6-4-11所示，勾选相应选项即可。

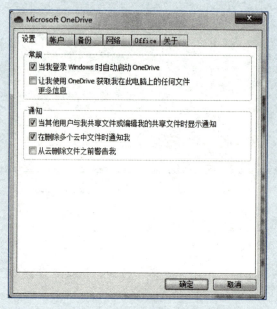

图 6-4-11　设置 OneDrive 自动开启和编辑提示

3. 选择同步的文件夹。在图6-4-10中单击"选择文件夹"按钮，打开文件夹同步设置对话框，在该对话框中勾选需要进行同步的对话框即可，如图6-4-12所示。

图 6-4-12　设置 OneDrive 文件夹同步

四、将文件上传到云端

在计算机上新建一个文档，鼠标右键单击文档，在弹出的快捷菜单中选择"移动到 OneDrive"，可以将该文件上传到云服务器，如图 6-4-13 所示。

图 6-4-13　上载文件

打开 OneDrive 文件夹，可以看到刚才的文件已经成功上传，如图 6-4-14 所示。

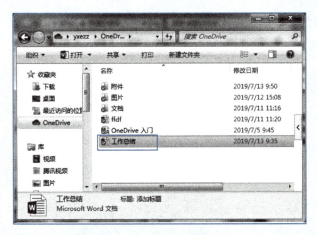

图 6-4-14　查看上传文件

五、删除云端文件

云端的文档可选择本地磁盘的一个文件夹进行文件的更新和同步，只要在本地磁盘中操作文件删除，就可以将云端的文件同步删除，用户可以根据自己的实际情况来确定本地磁盘文件的存放位置。其他操作，如重命名、剪切、复制等与删除操作基本一致。

六、手动同步云文件

有时候需要手动同步本地文件和云文件。用鼠标单击任务栏里的云图标 ，单击"更多"→"暂停同步"选项，在下拉列表中选择手动同步的时间间隔即可，如图 6-4-15 所示。

图 6-4-15 手动同步文件设置

知识拓展

OneDrive 365 SharePoint 是微软公司提供的一种商用云服务。如果学习者感兴趣，可以在微软的官网上进行申请。申请的流程和 OneDrive 基本相同，完成申请后，在 Word 界面单击

"文件"选项卡，选择"账户"，单击"添加服务"→"存储"→"Office 365 SharePoint"选项，输入注册的用户和密码即可使用。

实战提高

一、在微软官网注册一个 OneDrive 账号。

二、使用注册的账号登录，完成以上操作：

1. 设置文件自动同步。

2. 完成文件的上传、下载、创建、复制、删除等操作。

3. 设置云文件同步本地文件夹为"D:\OneDrive"。

参考文献

［1］童小素. 办公软件高级应用实验案例精选（Office 2010 版）［M］. 北京：中国铁道出版社，2017.

［2］薛荣，杨剑涛. 实用计算机基础应用［M］. 北京：中国水利水电出版社，2011.

［3］黄国兴，周南岳. 计算机应用基础综合实训（Windows XP＋Office 2007）［M］. 北京：高等教育出版社，2009.

［4］郭燕. PowerPoint 2010 演示文稿制作案例教程［M］. 北京：航空工业出版社，2012.

［5］徐万涛，洪建新. 计算机网络实用技术教程［M］. 北京：清华大学出版社，2007.

［6］田力. 中文 Word、Excel、Power Point XP 综合培训教程［M］. 北京：电子工业出版社，2007.

［7］侯盼盼. 五笔打字精品教程［M］. 北京：航空工业出版社，2009.

［8］张键，刘振波. 中文版 PowerPoint 2003 实用培训教程［M］. 北京：清华大学出版社，2003.

郑重声明

防伪查询说明

用户购书后刮开封底防伪涂层，利用手机微信等软件扫描二维码，会跳转至防伪查询网页，获得所购图书详细信息。也可将防伪二维码下的 20 位密码按从左到右、从上到下的顺序发送短信至 106695881280，免费查询所购图书真伪。

反盗版短信举报

编辑短信"JB，图书名称，出版社，购买地点"发送至 10669588128

防伪客服电话

（010）58582300

学习卡账号使用说明

一、注册 / 登录

访问 http://abook.hep.com.cn/sve，点击"注册"，在注册页面输入用户名、密码及常用的邮箱进行注册。已注册的用户直接输入用户名和密码登录即可进入"我的课程"页面。

二、课程绑定

点击"我的课程"页面右上方"绑定课程"，正确输入教材封底防伪标签上的 20 位密码，点击"确定"完成课程绑定。

三、访问课程

在"正在学习"列表中选择已绑定的课程，点击"进入课程"即可浏览或下载与本书配套的课程资源。刚绑定的课程请在"申请学习"列表中选择相应课程并点击"进入课程"。

如有账号问题，请发邮件至：4a_admin_zz@pub.hep.cn。